国外油气管道标准现状及发展趋势分析

刘 冰 谭 笑 郭德华 等著

中国石化出版社

内 容 提 要

本书收集整理了 ISO、IEC、API、ASME、ASTM、AMPP（NACE）等标准化组织制定发布的油气管道标准数据，包括油气管道、LNG 接收站、储备设施、二氧化碳、氢气输送、智慧管道等业务领域，分析研究了各领域国际标准发展趋势，提出了推进油气管道标准国际化的对策建议；将定性分析和定量分析相结合，探索性地将图书情报学的研究方法应用于标准文献数据的研究与分析中，主要包括文献调查法、文献计量学、内容分析法、对比分析法等。

本书适合从事油气管道设计、施工及管理的工程技术人员阅读参考。

图书在版编目（CIP）数据

国外油气管道标准现状及发展趋势分析 / 刘冰，谭笑，郭德华等著 . — 北京：中国石化出版社，2023.2

ISBN 978-7-5114-6987-8

Ⅰ. ①国… Ⅱ. ①刘… ②谭… ③郭… Ⅲ. ①石油管道—标准—国外 Ⅳ. ① TE973-65

中国国家版本馆 CIP 数据核字（2023）第 035637 号

中国石化出版社出版发行

地址：北京市东城区安定门外大街 58 号

邮编：100011 电话：(010) 57512500

发行部电话：(010) 57512575

http : //www.sinopec-press.com

E-mail : press@sinopec.com

北京富泰印刷有限责任公司印刷

全国各地新华书店经销

*

787 毫米 ×1092 毫米 16 开本 10.75 印张 170 千字

2023 年 11 月第 1 版 2023 年 11 月第 1 次印刷

定价：68.00 元

《国外油气管道标准现状及发展趋势分析》

著者名单

刘　冰　谭　笑　郭德华

惠　泉　李　莉　张栩赫　曹　燕

INTRODUCTION 前言

国际标准已成为世界“通用语言”，是全球治理体系和经贸合作发展的重要技术基础。世界需要标准协同发展，标准促进世界互联互通。特别是世界贸易组织《技术性贸易壁垒协定》（WTO/TBT）及《实施卫生与植物卫生措施协定》（WTO/SPS）的签署，要求各成员在制定技术法规、标准和合格评定程序以及卫生检疫措施时，应以国际标准为基础，这极大地推动了国际标准在世界范围内的应用。

鉴于国际标准的重要作用，国家积极推动标准国际化工作，推进中国标准与国外标准间的转化运用，包括加快推进与主要贸易国之间的标准互认，加强与国外标准机构共同制定标准的合作；加强中国标准外文版翻译出版工作，推进优势、特色领域标准国际化和海外应用；开展中国标准海外应用示范，结合海外工程承包、重大装备设备出口和对外援建，推广中国标准，创建中国标准品牌，以中国标准“走出去”带动我国产品、技术、装备、服务“走出去”；加强国内外标准化工作的交流互鉴。

国家管网集团作为国内油气行业的领军企业，在推动油气管道标准国际化方面肩负着重大责任与义务。本书采用文献计量学、内容分析法等研究方法开展国际国外油气管道标准现状和发展趋势分析，分析的标准化机构包括国际标准化组织 ISO、国际电工委员会 IEC、美国石油学会 API、美国机械工程师协会 ASME、美国试验与材料协会 ASTM、美国材料性能与防护协会 AMPP（美国腐蚀工程师协会 NACE），为油气管道业内标准国际化工作者提供基础指引。

本书参与编写单位包括：国家管网集团科学技术研究总院、国家管网集团科技部、中国计量大学、中国标准化研究院等。

感谢编写过程中有关领导的关心和支持，感谢专家对本书内容的审阅和提出的宝贵意见。

由于本书涉及技术领域广泛，资料来源有限，编者的水平有限，书中内容难免有疏漏之处，恳请专家和读者批评指正。

CONTENTS

目录

第 1 章　基本概念和分析方法

开展国际国外标准化发展现状和趋势的跟踪分析是推动标准化工作持续发展的一项重点任务。本书采用文献计量学、内容分析法等研究方法开展国际国外油气管道标准现状和发展趋势分析，分析的标准化机构包括国际标准化组织 ISO、国际电工委员会 IEC、美国石油学会 API、美国机械工程师协会 ASME、美国试验与材料协会 ASTM、美国材料性能与防护协会 AMPP（美国腐蚀工程师协会 NACE），本章对国际标准与国外标准相关概念、研究方法、标准数据等进行了阐述。

1.1 国际标准与国外标准

按照标准化活动的范围可以将标准分为国际标准、区域标准、国家标准、行业 / 协会 / 团体标准、地方标准、企业标准等。本书重点对油气管道国际标准和国外专业协会标准进行分析研究，相关概念如下。

1.1.1 标准与标准化的概念

国家标准 GB/T 20000.1—2014《标准化工作指南 第 1 部分：标准化和相关活动的通用术语》中对标准和标准化的定义如下。

（1）标准

通过标准化活动，按照规定的程序经协商一致制定，为各种活动或其结果提供规则、指南或特性，供共同使用和重复使用的文件。

注 1：标准宜以科学、技术和经验的综合成果为基础。

注 2：规定的程序指制定标准的机构颁布的标准制定程序。

注 3：诸如国际标准、区域标准、国家标准等，由于它们可以公开获得以及必要时通过修正或修订保持与最新技术水平同步，因此它们被视为构成了公认的技术规则，其他层次上通过的标准，诸如专业学（协）会标准、企业标准等，在地域上可影响几个国家。

（2）标准化

为了在既定范围内获得最佳秩序，促进共同效率，对现实问题或潜在问题确立共同使用和重复使用的条款以及编制、发布和应用文件的活动。

注 1：标准化活动确立的条款，可形成标准化文件，包括标准和其他标准化文件。

注 2：标准化的主要效益在于为了产品、过程或服务的预期目的改进它们的适用性，促进贸易、交流以及技术合作。

1.1.2 国际标准

国家标准 GB/T 20000.1—2014《标准化工作指南 第 1 部分：标准化和相关活动的通用术语》中对国际标准的定义是：由国际标准化组织或国际标准组织通过并公开发布的标准。

国际标准主要包括国际标准化组织 ISO、国际电工委员会 IEC 和国际电信联盟 ITU 制定的标准。此外，国际标准还包括国际标准化组织确认并公布的其他国际组织制定的标准，例如：国际计量局 BIPM、国际食品法典委员会 CAC、国际信息与文献联合会 FID、国际铁路联盟 UIC、世界卫生组织 WHO。

本书主要针对国际标准化组织 ISO 有关油气管道的标准化技术委员会及其发布的标准、国际电工委员会 IEC 发布的油气管道相关标准的现状与发展趋势进行分析研究。

1.1.3 国外标准

国外标准包括国外国家标准、国外专业协会标准、国外企业标准等。

国外国家标准是由国外国家标准机构通过并公开发布的标准，例如：英国标准学会 BSI、德国标准化学会 DIN、法国标准化协会 ANFOR、美国国家标准学会 ANSI、日本工业标准调查会 JISC。本书在国际标准采用分析中，重点对国外国家标准采用国际标准 ISO、IEC 的情况进行了分析研究。

国外专业协会标准是由某个国家的专业学（协）会通过并公开发布的标准，世界各国国内都活跃着众多的专业协会标准化机构，例如，美国大约有 600 多个专业学（协）会发布专业协会标准，其中 200 多个被 ANSI 认可为美国国家标准的制定机构，包括美国电气电子工程师协会 IEEE、美国静电放电协会 ESDA、美国石油学会 API、美国机械工程师协会 ASME、美国试验与材料协会 ASTM 等。国外专业协会也在不断调整中，例如，美国腐蚀工程师协会 NACE 与防护涂层协会 SSPC 就于 2021 年 1 月 6 日合并成立材料性能与防护协会 AMPP。本书重点对与油气管道相关的美国石油学会 API、美国机械工程师协会 ASME、美国试验与材料协会 ASTM、美国材料性能与防护协会 AMPP（美国腐蚀工程师协会 NACE）的标准现状和发展趋势进行分析研究。

1.2 采用的主要研究方法

本书将定性分析和定量分析相结合，探索性地将图书情报学的研究方法应用于标准文献数据的研究与分析中，主要采用文献调查法、文献计量学、内容分析法、对比分析法等研究方法开展研究。

1.2.1 文献调查法

从网站、期刊论文、研究报告、专著等多个途径对 ISO、IEC、API、ASME、ASTM 和 AMPP（NACE）的相关技术文献和标准化策略、运行机制等进行全面、动态的资料检索、资料收集和翻译整理，分析梳理上述标准化组织的标准管理程序、标准制修订流程、发展战略、标准制修订现状等。

1.2.2 文献计量学方法

（1）原理

文献计量学是借助文献的各种特征的数量，采用数学与统计学方法来描述、评价和预测科学技术的现状与发展趋势的图书情报学分支学科。它是集数学、统计学、文献学为一体，注重量化的综合性知识体系。其计量对象主要是：文献量（各种出版物，尤以期刊论文和引文居多）、作者数（个人、集体或团体）、词汇数（各种文献标识，其中以叙词居多）。文献计量学本质的特征在于其输出数据务必是"量"。

由于存在影响文献情报流的人为因素，很多文献问题尚难以定量化。特别是由于文献系统高度的复杂性和不稳定性，我们不可能获得足够的、有效的信息，来揭示文献的宏观规律。20 世纪初，人们开始了对文献定量化的研究。1917 年 F. J. 科尔和 N. B. 伊尔斯首先采用定量的方法，研究了 1543~1860 年所发表的比较解剖学文献，对有关图书和期刊文章进行统计，并按国别加以分类。1923 年 E. W. 休姆提出"文献统计学"一词，并解释为："通过对书面交流的统计及对其他方面的分析，以观察书面交流的过程，及某个学科的性质和发展方向。"1969 年文献学家 A. 普里查德提出用文献计量学代替文献统计学，他把文献统计学的研究对象由期刊扩展到所有的书刊资料。目前，文献计量学已成为情报学和文献学的一个重要学科分支。同时也展现出重要的方法论价值，成为情报学的一个特殊研究方法。

目前，文献计量学应用十分广泛。微观的应用有确定核心文献、评价出版物、考察文献利用率、实现图书情报部门的科学管理。宏观的应用有设计更经济的情报系统和网络、提高情报处理效率、寻找文献服务中的弊端与缺陷、预测出版方向、发展并完善情报基础理论等。

（2）分析内容

通过对标准的发布年代、标龄、标准制修订情况等数据信息进行描述统计分析，来探讨国际油气管道行业的标准现状。

本书中的文献计量分析包括三个方面的内容：

①概况分析：对 ISO、IEC、API、ASME、ASTM、AMPP（NACE）等标准化组织制定发布的油气管道标准、液化天然气 LNG 标准、储备设施标准、二氧化碳标准、氢气输送标准和智慧管道标准的发布年代、标龄、制修订、技术领域分布等进行描述性统计分析，揭示标准发展现状；

②对比分析：对油气管道标准进行对比统计分析，揭示 ISO、IEC、API、ASME、ASTM、AMPP（NACE）在油气管道领域标准方面的差异；

③采用国际标准分析：对油气管道领域 ISO、IEC 标准的采标率、采用程度、采标及时性等标准采用情况进行统计和对比分析，揭示各国对 ISO、IEC 标准的采用情况和差异，并对我国采用 ISO 和 IEC 标准的情况以及与国外的共性与差异进行详细分析。

1.2.3 内容分析法

（1）原理

内容分析法是一种对文献内容进行客观、系统和量化描述与分析的研究方法，是社会科学研究中普遍使用的一种科学方法。内容分析法最早萌发于新闻界，目前广泛应用在计算机和人工智能领域、图书情报学领域、政治军事领域、科技与经济领域、新闻与传播领域、心理学和社会学研究领域，在信息传播、情报研究与决策分析中有着重要的地位和作用。在图书情报学领域，内容分析方法主要被用于对图书馆学、情报学、科技、经济和社会等方面的文献进行统计分析，了解其发展现状，并预测其发展趋势。

内容分析法的基本特征包括客观、系统和定量，其中，定量是其最为显著的特征，是实现“精确”和“客观”的必要手段。在定量化的过程中，除了对大量的文献样本进行统计分析之外，还必须对样本文献自身所包含的知识内容进行统计分析。

本研究中的内容分析是基于词频统计分析法和共词分析法这两种基本的分析方法。

◆ 词频统计分析法

词频统计分析法的原理是以词或词组为单元进行频次统计，根据频次的高低来分析特定领域的研究热点。从广义上来说，词频统计分析法包括所有以词或词组为单元的分析技术和方法，如主题词词频分析法、指示词词频分析法和关键词词频分析法等。本研究中主要是主题词词频统计分析法，标准的主题词字段是根据 ISO 叙词表来标注的。

词频统计分析法的特点在于操作相对简单，揭示学科领域发展的方式比较直接，它是最基本的内容分析方法之一。

◆ 共词分析法

共词分析法属于内容分析法的一种，其原理主要是对一组词两两统计它们在同一篇文献中出现的次数，对这些词进行聚类分析，从而反映出这些词之间的亲疏关系，进而分析这些词所代表的学科和主题的结构变化的方法。它可以形成对该领域学科结构以及与相关领域的联系的描述，并比较不同时期的学科结构描述获得关于学科发展、交叉、渗透和兴衰的趋势的知识。

共词分析法的特点在于引入了不同的指数进行词间关系的计算，使得共词分析方法能够深入文献内部对科研热点进行分析。通过时间序列的引入，共词分析可以描绘学科领域的知识演变结构。

（2）分析内容

本书基于标准中的主题词，选择词频最大的若干个主题词生成共现矩阵，将共现矩阵标准化，然后生成关联关系图，揭示油气管道标准的热点及发展趋势。具体的分析内容包括四个部分：①基于对所有现行标准的主题词分析，揭示总体发展趋势；②基于对标龄在 20 年以上（含 20 年）现行标准的主题词分析，揭示稳定发展的标准发展趋势；③基于对修订周期在 5 年以内现行标准的主题词分析，揭示持续发展的标准发展趋势；④基于对 3 年以内新制定标准的主题词分析，揭示新发展的标准发展趋势。

1.3 油气管道及重点业务领域标准数据

1.3.1 标准数据的检索收集方法

根据对 ISO、IEC、API、ASME、ASTM、AMPP（NACE）的调研，NACE 虽然已合并更名为 AMPP（材料性能与防护协会），但原 NACE 标准仍有效，未来将发布 AMPP 标准，因此，在数据检索收集中包括 AMPP 标准和 NACE 标准。

根据《标准信息资源检索与实用指南》一书的检索方法，采用关键词和标准分类号的检索方法对 ISO、IEC、API、ASME、ASTM、NACE 和 AMPP 的标准数据进行检索收集。其中，对智慧管道相关标准数据的收集，按照中国石油管道公司于 2019 年在中国智能管道大会上提出的定义进行检索关键词的确定，该定义是："智慧管网"是在数字化管道与标准统一的基础上，采用"端 + 云 + 大数据"体系架构保存管道全生命周期数据，用信息分析处理以及人工智能技术等技术手段实现管道的智能化、网络化、可视化管理，提供智能分析与决策支持，具有一体化管控、全方位感知、自适应优化、综合性预判的能力。智慧管网以感知交互可视、数据全面统一、预测预警可控、运行智能高效、供应精准匹配、系统融合互联为特征。

通过数据检索方案设计、数据收集、数据分析、数据标准化处理和人工筛选等方法收集整理 ISO、IEC、API、ASME、ASTM、NACE 和 AMPP 制定发布的油气管道相关标准数据，具体领域包括：油气管道、液化天然气 LNG、储备设施、二氧化碳、氢气输送、智慧管道。

1.3.2 标准数据总量和分布

油气管道、液化天然气 LNG、储备设施、二氧化碳、氢气输送、智慧管道标准数据总量及各标准化组织标准数量分布见表 1。

表 1 标准数据总量和分布

标准化组织	ISO	IEC	API	ASME	ASTM	NACE	AMPP	数量总计
油气管道	1282	634	710	151	1007	98	1	3883
液化天然气	28		2		7			37
储备设施	12		43		7	5		67
二氧化碳	36		3		26	2		67
氢气输送	24	7	10	10	16	1		68
智慧管道	59	157	10	1	21			248

油气管道标准数据总量为 3883 项，包括：1282 项 ISO 标准，634 项 IEC 标准，710 项 API 标准，151 项 ASME 标准，1007 项 ASTM 标准，98 项 NACE 标准，1 项 AMPP 标准。

液化天然气（LNG）标准数量总量为 37 项，包括：28 项 ISO 标准，2 项 API 标准，7 项 ASTM 标准。

储备设施标准数量总量为 67 项，包括：12 项 ISO 标准，43 项 API 标准，7 项 ASTM 标准，5 项 NACE 标准。

二氧化碳标准数据总量为 67 项，包括：36 项 ISO 标准，3 项 API 标准，26 项 ASTM 标准，2 项 NACE 标准。

氢气输送标准数据总量为 68 项，包括：24 项 ISO 标准，7 项 IEC 标准，10 项 API 标准，10 项 ASME 标准，16 项 ASTM 标准，1 项 NACE 标准。

智慧管道标准数据总量为 248 项，包括：59 项 ISO 标准、157 项 IEC 标准、10 项 API 标准、1 项 ASME 标准、21 项 ASTM 标准。

1.4 小 结

本章对标准、标准化、国际标准、国外标准等相关概念进行了阐述，对文献计量学、内容分析法等本书采用的研究方法进行了论述，对油气管道以及液化天然气、储备设施、二氧化碳、氢气输送、智慧管道等相关重点领域标准的检索方法及各类标准数据情况进行了分析与阐述。

第 2 章　油气管道国际标准化现状

油气管道国际标准化组织主要包括国际标准化组织 ISO、国际电工委员会 IEC。本章对 ISO 和 IEC 在油气管道及氢能、二氧化碳、智慧管道等相关领域标准化技术组织及标准制定基本情况进行分析与阐述。

2.1 ISO 和 IEC 及其标准

2.1.1　国际标准化组织 ISO

国际标准化组织 ISO 成立于 1947 年 2 月 23 日。其前身为国家标准化协会国际联合会（ISA）和联合国标准协调委员会（UNSCC）。国际标准化组织是世界上最大的非政府性标准化专门机构，由各个国家的标准化成员团体组成，在国际标准化中占主导地位，主要负责制定除电气工程和电子工程领域以外的国际标准。其目的和宗旨是，“在世界范围内促进标准化工作的发展，以利于国际物质交流和互助，并扩大在知识、科学、技术和经济方面的合作”。该组织的主要活动是制定国际标准，协调世界范围内的标准化工作，组织各成员国和技术委员会进行情报交流，以及与其他国际性组织进行合作，共同研究有关标准化问题。它与联合国的许多组织，如国际劳工组织、教科文组织、粮农组织、国际民用航空组织等保持密切联系。根据 ISO 章程规定，为扩大国际间的经济技术合作，增进相互了解，消除彼此间的技术壁垒，ISO 还与 400 多个国际性和区域性组织就标准化问题进行合作。

ISO 是最大的国际标准制定组织，其组织体系包括全体大会、理事会、中央秘书处和技术管理局、技术委员会。技术管理局 TMB 负责管理 ISO 的技术工作，包括组建技术委员会 TC、任命 TC 主席、监督技术工作进程，并负责国际标准制定导则以及处理技术委员会活动的战略规划、协调、执行等所有事项。截至 2023 年 8 月，ISO 的成员包括来自 169 个国家的国家标准化团体，其中，成员体（正式成员）[Member Body（Full member）] 127 个、通信成员（Correspondent member）38 个、注册成员（Subscriber member）4 个。成员体可以参加 ISO 各项活动，有投票权；通信成员通常是没有完全开展标准化活动的国家组织，没有投票权，但可以作为观察员参加 ISO 会议并得到其感兴趣的信息；注册成员来自尚未建立国家标准化机构、经济不发达的国家，他们只需交纳少量会费，即可参加 ISO 活动。

ISO 的标准化技术委员会 TC 是为开展标准制修订工作而成立的，根据需要，TC 下可设标准化分技术委员会 SC，每个 TC 或 SC 均由 ISO 成员承担秘书处工作。TC 或 SC 可通过设立工作组 WG、特别工作组 AHG、顾问组 AG/ 主席顾问组 CAG 等开展具体标准的制修订和管理协调工作。其中，工作组 WG 负责制定一项或多项新标准及修订标准；特别工作组 AHG 负责研究具体问题，向 ISO 的 TC 或 SC 提交报告和建议；顾问组 AG/ 主席顾问组 CAG 负责协助 ISO 的 TC 或 SC 主席、秘书协调、规划、指导 ISO 的 TC 或 SC 开展工作。TC 及其所属 SC、WG 等是从事技术工作的主体，在 ISO 占有重要地位。截至 2023 年 8 月，ISO 共有 819 个标准化技术委员会 TC 和分技术委员会 SC，其中包括 264 个标准化技术委员会 TC，“ISO/TC 67 含低碳能源的油气工业”是其中之一。

2.1.2 国际电工委员会 IEC

国际电工委员会（IEC）是世界上成立最早的非政府性国际电工标准化机构，它负责制定电气和电子领域的标准。早在 1904 年，各国政府代表团在美国圣路易斯举行国际电工会议。会议建议各国技术团体进行必要的协调工作，以促进有关电气设备术语和功率的标准化。1906 年国际电工委员会（IEC）在英国伦敦正式成立，并起草了 IEC 章程。ISO 和 IEC 都是法律上独立的团体，是互为补充的国际标准化组织，共同建立国际标准化体系。IEC 负责有关电气和电子工程领域的国际标准化工作，其他领域的工作则由 ISO 负责，两组织保持密切协作。IEC 的宗旨是促进电工、电子工程领域中的标准化及有关事项（如认证）方面的国际合作，增进国家间的相互了解。

IEC 组织体系包括理事会、理事局（CB）、执行委员会（EXCO）、标准化管理局（SMB）、市场战略局（MSB）、合格评定局（CAB）和中央秘书处。标准化管理局（SMB）负责管理和监督 IEC 的标准工作，包括：建立和解散 IEC 技术委员会 TC 或分委员会 SC，批准其工作范围；任命技术委员会或分委员会的主席和秘书处；分配标准工作，监督标准项目的制修订时间进度；批准和维护《ISO/IEC 导则》；审议、批准新技术工作领域的需求和计划；维护与其他国际组织的联络关系。同 ISO 一样，IEC 会员为国家成员，由各个国家的标准化团体参加，各个成员国派专家参与 IEC 的技术工作。截至 2023 年 9 月，IEC 共有 89 个国家成员，其中 62 个正式成员（Full member）、27 个准成员（Associate Member）。正式成员能够参加各项活动，有投票权；准成员能够以观察员身份参加所有会议，并在其自行选择的 4 个技术委员会（TC）或分委员会（SC）里，享有充分的表决权。目前，IEC 已经是世界上最具权威性的国际标准化机构之一。

IEC 的标准化技术委员会 TC 是承担标准制修订工作的技术机构，可下设标准化分技术委员会 SC，也可设立工作组 WG、项目组 PT、维护组 MT、特别工作组 AHG、顾问组

AG/ 主席顾问组 CAG 等开展具体标准的制修订和管理协调工作。其中，工作组 WG、特别工作组 AHG、顾问组 AG/ 主席顾问组 CAG 与 ISO 相应的机构职责一致，项目组 PT 负责制定一项新标准，而维护组 MT 负责维护一项或多项标准。截至 2023 年 8 月，IEC 共有 112 个标准化技术委员会 TC、102 个标准化分技术委员会 SC。

2.1.3 ISO 和 IEC 的标准出版物类型

ISO 和 IEC 制定和发布国际标准和其他类型的出版物，这些出版物可分为两大类：其一是规范性出版物，体现了产品、系统、服务或对象相关特性的技术描述；其二是资料性出版物，提供实施程序或指南的背景信息。具体而言，ISO 和 IEC 出版物包括：国际标准 IS、技术规范 TS、技术报告 TR、可公开提供的规范 PAS 和指南 Guides。此外，ISO 还出版国际专题研讨会协议 IWA，IEC 出版系统参考出版物 SRD。上述标准化文件中，国际标准的制定程序最为严格，需要取得全体成员国的协商一致。截至 2022 年 5 月，ISO 共制定发布出版物 24290 项，IEC 共制定发布出版物 11200 项。

（1）国际标准 IS（International Standard）

ISO、IEC 正式表决批准的并且可公开提供的标准。国际标准为活动或其结果提供规则、指南或特征，目的是在特定环境中实现最佳秩序，除产品标准外，国际标准还包括：测试方法、实践规范、指南标准和管理体系标准。

（2）技术规范 TS（Technical Specification）

ISO、IEC 出版的未来有可能形成一致意见上升为国际标准的文件。但是，当前：

- 不能获得批准为国际标准所需要的支持；
- 对是否已形成协商一致尚未确定；
- 其主题内容尚处于技术发展阶段；
- 另有原因使其不可能作为国际标准马上出版。

（3）技术报告 TR（Technical Report）

ISO、IEC 出版的文件，包括从那些通常作为国际标准出版的资料中收集的各种数据。这些数据可能包括：从国家成员体的评述中得到的数据，其他国际组织工作方面的数据，或者与国家成员体某一具体方面的标准有关的技术发展动态数据。

技术报告是完全的信息性内容，不包括任何规范性内容。

（4）可公开提供的规范 PAS（Publicly Available Specification）

ISO、IEC 为满足市场急需而出版的标准文件，这表示：

- ISO、IEC 之外的某一组织中的协商一致；
- 一个工作组内的专家的协商一致。

PAS 不得与现行国际标准冲突，允许同一题目的多个 PAS 竞争。

（5）指南（Guide）

ISO、IEC 出版的文件，提供与国际标准化相关的非标准性问题的定向和建议。

指南可论及国际标准用户关心的所有问题。

（6）国际专题研讨会协议 IWA（International Workshop Agreement）

国际专题研讨会协议 IWA 仅在 ISO 制定，是在正常的 ISO 委员会体系之外制定的文件，使市场参与者能够在“开放的研讨会”环境中进行协商。国际专题研讨会协议通常由一个国家成员体提供行政支持。发布的协议包括对参与其制定的组织的说明。国际专题研讨会协议的有效期最长为 6 年，到期后可以转换为另一种 ISO 出版物或自动撤销。

（7）系统参考出版物 SRD（Systems Reference Deliverable）

系统参考出版物 SRD 仅在 IEC 制定，是仅由 IEC 系统委员会 SyC 制定产生的出版物。系统参考出版物是在 SyC 领域使用和应用的特定标准的指导性文件，可以是规范性文件，SyC 可以制定多个 SRD，包括：标准映射、路线图、数据库、架构、框架、跨域的接口和传递函数、用例等。

2.2 ISO 油气管道标准化技术委员会

2.2.1 ISO/TC67 总体情况

有关石油和天然气的 ISO 标准已经越来越多地得到各地区和国家标准机构的采用。这一发展在国际石油天然气生产商协会（OGP）出版的标准公告中得到显著反映。OGP 的成员来自 80 个国家，占据世界石油产量的一半以上，天然气产量的约三分之一。OGP 大力支持石油和天然气行业国际标准化工作，积极推动制定和使用 ISO 和 IEC 标准。OGP 标准公告中引用的例子之一就是有关管道涂层的 ISO 21809 标准。该标准提供了全世界统一的执行方法，替代了多种现有规范，因而节省了石油和天然气行业的成本，降低了复杂性。

国际标准化组织 ISO/TC67 成立于 1947 年，其名称是“含低碳能源的油气工业”，工作范围是“油气工业标准化，包括炼化和低碳能源活动”，不包括：

—— ISO/TC28 涵盖的与天然或合成来源的石油和相关产品、燃料和润滑油相关的方面；

—— ISO/TC193 中涉及的天然气相关方面；

—— ISO/TC197 中涉及的氢技术相关方面；

—— ISO/TC255 涵盖的沼气相关方面；

—— ISO/TC265 涵盖的二氧化碳捕获、运输和地质储存相关方面；

—— ISO/TC8 符合 IMO 要求的海洋结构物方面。

ISO/TC67 目前由荷兰标准协会（Nederlands Normalisatie-instituut，NEN）承担秘书处工作，共拥有 35 个 P 成员（Participating Member，称为 P-member）、27 个 O 成员（Observer Member，称为 O-member）。P 成员应积极参加 TC 或 SC 的工作，并具有对 TC 或 SC 内提交表决的新工作项目提案、投票草案和最终国际标准草案进行投票表决和参加会议的权利和义务；O 成员以观察员的身份参加 TC 或 SC 工作，可收到委员会的文件并有权提交评论意见和参加 TC 或 SC 会议。ISO/TC67 已发布现行有效的 ISO 标准 229 项。

与 ISO/TC67 建立联络关系的 ISO 技术委员会有：TC5，TC8，TC14，TC17，IC22，TC35，TC45，TC96，TC98，TC108，TC115，TC135，TC145，TC153，TC156，TC164，TC176/SC2，TC184/SC4，TC193，TC197，TC251，TC262，TC263，TC265。与 ISO/TC67 建立联络关系的 IEC 技术委员会有 IEC/TC18。与 ISO/TC67 建立联络关系的国际标准化机构有：国际钻井承包商协会（International Association of Drilling Contractors，IADC），国际油气生产者协会（International Association of Oil and Gas Producers，IOGP），世界海关组织（World Customs Organization，WCO），世界气象组织（World Meteorological Organization，WMO）等。

目前 ISO/TC67 下设 1 个管理与执行委员会和 2 个特别组、9 个分技术委员会和 7 个工作组，具体情况见表 2、表 3。

值得注意的是，2021 年，为适应 ISO 未来标准的要求（即机器可读标准），成立了“ISO/TC67/AG1 数字实现工作组”，目的是支持项目组进行标准起草的工作。

表 2　ISO/TC67 下设机构情况

编号	名称
TC67/MC	TC67 管理与执行委员会
ISO/TC67/AG1	数字实现
ISO/TC67/CAG	主席顾问组
TC67/WG2	石油、石化和天然气工业的运行完整性管理
TC67/WG4	可靠性工程和技术
TC67/WG5	铝合金管
TC67/WG7	抗腐蚀材料
TC67/WG8	材料、腐蚀控制、焊接和无损检验
TC67/WG11	结构与设备的涂层和衬里（Coating and lining）
TC67/WG13	海上工程用散装材料
TC67/SC2	管道输送系统（秘书处 UNI 意大利）
TC67/SC3	钻井、完井液与油井水泥（秘书处 SN）
TC67/SC4	钻井采油设备（秘书处 ANSI）
TC67/SC5	套管、油管和钻杆（JISC）
TC67/SC6	加工设备和系统（AFNOR）
TC67/SC7	海上结构（BSI）

续表

编号	名称
TC67/SC8	北极业务（GOST R）
TC67/SC9	液化天然气装置和设备（AFNOR）
TC67/SC10	提高采收率 Enhanced oil recovery（新成立，中国承担秘书处）

表 3　ISO/TC67 的联合工作组情况

工作组编号	联合工作组编号	工作组名称
ISO/TC35/WG60/SC2/WG11	Joint ISO/TC35–ISO/TC67 WG	涂层检验员和涂装工的能力要求 Competency requirement of coating inspectors and applicators
TC192/WG4	Joint TC192–TC67/SC6 WG	燃气轮机 Gas turbine

2.2.2　ISO/TC67/SC2 管道输送分委会发展情况

“ISO/TC67/SC2 管道输送系统标准化分技术委员会”于 1992 年成立，负责陆上及海上石油天然气工业中流体输送的标准化，由管道输送系统的标准组成，集中在材料和部件，作用是适应工业的发展，与其他标准（API、CEN、NACE）协调，SC2 提出的口号是：全球合作，没有竞争。

SC2 的秘书处承担国为意大利，目前有 33 个 P 成员，8 个 O 成员，中国为 P 成员之一，中国石油集团石油管工程技术研究院作为国内技术对口单位，代表中国行使权利和履行义务。SC2 目前下设 13 个工作组，见表 4，目前已经发布技术标准 29 项（包括修订），正在制修订的标准计划 16 项。

表 4　ISO/TC67/SC2 下设机构情况

序号	编号	名称
1	TC67/SC2/WG10	管道法兰、配件和弯管
2	TC67/SC2/WG11	管道阴极保护
3	TC67/SC2/WG13	ISO 13623 的维护
4	TC67/SC2/WG14	管道外防护涂层（ISO 21809）
5	TC67/SC2/WG15	机械式连接器的测试程序（ISO 21329）
6	TC67/SC2/WG16	管线管（ISO 3183）
7	TC67/SC2/WG17	管道寿命延长（ISO/NP TR 12747）
8	TC67/SC2/WG19（SC2/SC4）	防湿绝热涂层（ISO/CD 12736）
9	TC67/SC2/WG21	管道完整性管理
10	TC67/SC2/WG23	地质灾害风险管理
11	TC67/SC2/WG24	直流杂散电流

续表

序号	编号	名称
12	TC67/SC2/WG25	管道内涂层
13	TC67/SC2/WG26	术语和定义

SC2 的工作范围是整个油气管道输送系统，标准涉及管材、阀门、设计、施工、防腐、运行维护等多个专业，与我国多个标委会 / 专标委的工作范围相关，与国内多家单位的业务相关。

2.2.3 ISO/TC67/SC5 套管、油管和钻杆分委会发展情况

"ISO/TC67/SC5 套管、油管和钻杆标准化分技术委员会"于 1988 年成立，目前，SC5 秘书处承担国为日本（JISC），有 23 个 P 成员，9 个 O 成员，中国为 P 成员之一，中国石油集团石油管工程技术研究院作为国内技术对口单位，代表中国行使权利和履行义务。ISO/TC67/SC5 下设 5 个工作组，见表 5。

表 5 ISO/TC67/SC5 下设机构

编号	名称
TC67/SC5/WG1	套管、油管和钻杆
TC67/SC5/WG2	套管和油管的连接及特性
TC67/SC5/WG3	防腐蚀合金套管和油管
TC67/SC5/WG4	套管、油管及管线管用螺纹油的要求、评定和检测
TC67/SC5/WG5	内衬套管和油管

2.2.4 ISO/TC67/SC9 液化天然气装置和设备分委会发展情况

"ISO/TC67/SC9 液化天然气标准化分技术委员会"成立于 2015 年。目前，SC9 秘书处承担国为法国（AFNOR），有 20 个 P 成员，4 个 O 成员，中国为 P 成员之一，中海石油气电集团有限责任公司作为国内技术对口单位，代表中国行使权利和履行义务。SC9 下设 6 个工作组，见表 6。

表 6 ISO/TC67/SC9 下设机构

编号	名称
TC67/SC9/WG8	ISO/TC67/SC9 和 ISO/TC92/SC2 联合工作组：耐低温泄漏
TC67/SC9/WG1	液化天然气用作海上、公路和铁路燃料时的设备和程序
TC67/SC9/WG7	液化天然气生产或再气化的海上设施
TC67/SC9/WG9	液化天然气轨道车应用
TC67/SC9/WG10	液化天然气工厂的温室气体排放
TC67/SC9/WG11	风险评估

2.3 ISO 和 IEC 油气管道相关标准化技术委员会

2.3.1 ISO/TC197 氢能标准化技术委员会发展情况

从氢气输送标准的调研分析中可以发现，围绕氢能的标准包括输送、氢脆、加氢站、水电解制氢、燃料电池、道路车辆等多方面的内容，在 ISO 和 IEC 的标准化技术委员会中，主要涉及以下技术委员会：

—— ISO/TC197 氢能技术委员会；

—— ISO/TC22 道路车辆技术委员会；

—— ISO/TC158 气体分析技术委员会；

—— IEC/TC105 燃料电池技术委员会；

—— IEC/TC69 电动道路车辆和电动载货车技术委员会。

在上述 ISO 和 IEC 的标准化技术委员会中，ISO/TC197 是专门开展氢能技术标准化工作的委员会，成立于 1990 年，主要开展制氢、储存、输送、测量和氢能应用等方面的标准化工作。从工作范围可知，ISO/TC197 是开展氢气输送领域国际标准制定的标准化技术委员会。

ISO/TC197 现有 P 成员 30 个，O 成员 12 个，秘书处由加拿大承担。我国是 ISO/TC197 的 P 成员，国内技术对口单位为中国标准化研究院。目前，ISO/TC197 设有 18 个工作组，其中 1 个为联合工作组，具体见表 7。

表 7 ISO/TC197 组织结构

序号	工作组编号	工作组名称
1	ISO/TC197/AHG1	常设编辑委员会
2	ISO/TC197/TAB1	技术咨询委员会
3	ISO/TC197/WG5	压缩氢气车辆加注连接装置
4	ISO/TC197/WG15	固定式储氢容瓶和管路
5	ISO/TC197/WG18	压缩氢气车辆燃料罐用氢气压力泄放装置
6	ISO/TC197/WG19	氢气加氢站用加氢机
7	ISO/TC197/WG21	氢气加氢站用压缩机
8	ISO/TC197/WG22	氢气加氢站用软管
9	ISO/TC197/WG23	氢气加氢站用附件
10	ISO/TC197/WG24	氢燃料汽车的加氢协议
11	ISO/TC197/WG27	氢燃料质量
12	ISO/TC197/WG28	氢质量控制
13	ISO/TC197/WG29	氢系统安全基本要求
14	ISO/TC197/WG31	O 形圈

续表

序号	工作组编号	工作组名称
15	ISO/TC197/WG32	水电解制氢
16	ISO/TC197/WG33	燃料质量分析取样
17	ISO/TC197/WG34	水电解制氢试验协议和安全要求
18	ISO/TC197/JWG30	ISO/TC197 与 ISO/TC22/SC41 联合工作组：氢气道路车辆燃料系统组件

2.3.2 ISO/TC265 碳捕集、运输和地质封存标准化技术委员会

在二氧化碳相关标准的调研分析中可知，二氧化碳相关标准涉及碳捕集、运输和封存、碳排放、检测方法等标准。从 ISO/TC67 的最新进展中，其将更名为“含低碳能源的油气工业”，我国正在积极推动在 ISO/TC67 成立“绿色制造和低碳行动分技术委员会”。除在油气管道的专业技术委员会 ISO/TC67 涉及二氧化碳国际标准化工作外，关于“ISO/TC265 碳捕集、运输和地质封存标准化技术委员会”是二氧化碳相关国际标准的主要标准化技术组织。

ISO/TC265 于 2011 年成立，工作范围包括二氧化碳捕集、运输和地质封存（CCS）领域的设计、建造、运行、环境规划和管理、风险管理、量化、监测和验证等方面的标准化，目前有 22 个 P 成员和 13 个 O 成员。我国是 ISO/TC265 的 P 成员，国内技术对口单位为中国标准化研究院。

目前，ISO/TC265 设立了 1 个主席咨询组和 6 个工作组，具体见表 8。

表 8 ISO/TC265 组织结构

序号	工作组编号	工作组名称
1	ISO/TC265/CAG	主席咨询组
2	ISO/TC265/WG1	捕集
3	ISO/TC265/WG2	运输
4	ISO/TC265/WG3	封存
5	ISO/TC265/WG5	交叉问题
6	ISO/TC265/WG6	EOR 问题
7	ISO/TC265/WG7	用船运输二氧化碳

2.3.3 ISO/IEC JTC1 信息技术标准化技术委员会中关于信息安全和物联网方面的分技术委员会

ISO 和 IEC 于 1987 年共同成立了“ISO/IEC JTC1 信息技术标准化技术委员会”，ISO/IEC JTC1 的工作范围是负责信息技术领域的标准化活动，包括规范、设计和开发处理信息的获取、表达、处理、安全、传输、交换、演示、管理、组织、存储和检索的系统和工具。目前，ISO/IEC JTC1 秘书处由美国标准协会（American National Standards Institute，

ANSI）承担，共有 40 个 P 成员和 62 个 O 成员，已经发布 3418 项标准。在技术委员会构成上，ISO/IEC JTC1 共有 23 个标准化分技术委员会 SC、5 个工作组 WG、3 个特别工作组 AHG、7 个顾问组 AG 和 1 个联合顾问组 JAG。其中与油气管道相关的分技术委员会有 2 个，分别为“ISO/IEC JTC1/SC27 信息安全、网络安全与隐私保护标准化分技术委员会”“ISO/IEC JTC1/SC41 物联网与数字孪生标准化分技术委员会”

ISO/IEC JTC1/SC27 成立于 1989 年，负责制定信息和信息通信技术（ICT）保护方面的标准，包括安全和隐私方面的通用方法、技术和指南，秘书处德国标准化协会 DIN 承担。目前，ISO/IEC JTC1/SC27 有 55 个 P 成员，34 个 O 成员，下设 5 个工作组 WG、1 个联合工作组 JWG、3 个特别工作组 AHG、5 个顾问组和 1 个主席顾问组。其中，5 个工作组和 1 个联合工作组包括：信息安全管理体系（WG1），密码与安全机制（WG2），安全评估、测试和规范（WG3），安全控制与服务（WG4），身份管理和隐私保护技术（WG5），联网车辆设备的网络安全要求和评估活动（JWG6：ISO/IEC JTC1/SC27 与 ISO/TC22/SC32 联合工作组）。ISO/IEC JTC1/SC27 已经发布标准 236 项，其中，对油气管道有借鉴和指导意义的标准主要为信息安全管理方面的标准，例如：ISO/IEC 27033-2—2012“信息技术 安全技术 网络安全 第 2 部分：网络安全设计和实施指南”、ISO/IEC 27033-3—2010“信息技术 安全技术 网络安全 第 3 部分：参考网络情景—威胁、设计技术与控制问题”、ISO/IEC 27035-1—2023“信息技术 信息安全事件管理 第 1 部分：原理和过程”、ISO/IEC 27035-2—2023“信息技术 信息安全事件管理 第 2 部分：事件响应规划和准备指南”、ISO/IEC TR 20547-4—2020“信息技术 大数据参考架构 第 4 部分：安全和隐私”。

ISO/IEC JTC1/SC41 成立于 2017 年，负责物联网、数字孪生以及相关技术的国际标准化工作，由韩国技术和标准机构 KATS（Korean Agency for Technology and Standards）承担秘书处。目前，ISO/IEC JTC1/SC41 下设 5 个工作组，包括：物联网基础标准（WG3），物联网互操作（WG4），物联网应用（WG5），数字孪生（WG6），海上、水下物联网及数字孪生应用（WG7）。我国专家担任 WG4、WG6 的召集人。ISO/IEC JTC1/SC41 已经发布了 43 项标准，其中，对油气管道有借鉴和指导意义的标准包括：ISO/IEC 20924：2021 信息技术—物联网—术语，ISO/IEC TR 30166—2020 物联网（IoT）—工业物联网（IoT）。目前，国家石油天然气管网集团有限公司正在 ISO/IEC JTC1/SC41 积极推进国际标准的制定工作，其中《物联网 物联网在长输油气管道的应用》已经成功立项。

2.4 ISO/TC67/SC2 标准进展

2.4.1 已经发布的现行标准

截至 2022 年 5 月，ISO/TC67/SC2 已经发布现行标准 29 项（包括修订），见表 9。

表 9 ISO/TC67/SC2 发布的现行标准

序号	标准号	标准名称
1	ISO 3183：2019	石油和天然气工业 管道输送系统用钢管 Petroleum and natural gas industries—Steel pipe for pipeline transportation systems
2	ISO 12490：2011	石油和天然气工业 管道阀门制动器和安装套件的机械完整性和尺寸 Petroleum and natural gas industries—Mechanical integrity and sizing of actuators and mounting kits for pipeline valves
3	ISO 12736：2014	石油和天然气工业 管道、采气管线、设备和海底结构的湿热隔离层 Petroleum and natural gas industries—Wet thermal insulation coatings for pipelines，flow lines，equipment and subsea structures
4	ISO/TS 12747：2011	石油和天然气工业 管道输送系统 延长管道寿命的推荐规程 Petroleum and natural gas industries—Pipeline transportation systems—Recommended practice for pipeline life extension
5	ISO 13623：2017	石油和天然气工业 管道输送系统 Petroleum and natural gas industries—Pipeline transportation systems
6	ISO 13847：2013	石油和天然气工业 管道输送系统 管道焊接 Petroleum and natural gas industries—Pipeline transportation systems—Welding of pipelines
7	ISO 14313：2007	石油和天然气工业 管道输送系统 管道阀门 Petroleum and natural gas industries—Pipeline transportation systems—Pipeline valves
8	ISO 14313：2007/Cor 1：2009	石油和天然气工业 管道输送系统 管道阀门 技术勘误 1 Petroleum and natural gas industries—Pipeline transportation systems—Pipeline valves—Technical corrigendum 1
9	ISO 14723：2009	石油和天然气工业 管道输送系统 海底管道阀门 Petroleum and natural gas industries—Pipeline transportation systems—Subsea pipeline valves
10	ISO 15589-1：2015	石油、石化和天然气工业 管道输送系统的阴极保护 第 1 部分：陆上管道 Petroleum，petrochemical and natural gas industries—Cathodic protection of pipeline systems—Part 1：On-land pipelines
11	ISO 15589-2：2012	石油、石化和天然气工业 管道输送系统的阴极保护 第 2 部分：近海管道 Petroleum，petrochemical and natural gas industries—Cathodic protection of pipeline transportation systems—Part 2：Offshore pipelines
12	ISO 15590-1：2018	石油和天然气工业 管道输送系统用工厂预制弯管、管件和法兰 第 1 部分：热煨弯管 Petroleum and natural gas industries—Induction bends，fittings and flanges for pipeline transportation systems—Part 1：Induction bends
13	ISO 15590-2：2021	石油和天然气工业 管道输送系统用工厂预制弯管、管件和法兰 第 2 部分：管件 Petroleum and natural gas industries—Factory bends，fittings and flanges for pipeline transportation systems—Part 2：Fittings
14	ISO 15590-3：2022	石油和天然气工业 管道输送系统用工厂预制弯管、管件和法兰 第 3 部分：法兰 Petroleum and natural gas industries—Induction bends，fittings and flanges for pipeline transportation systems—Part 3：Flanges

续表

序号	标准号	标准名称
15	ISO 15590-4：2019	石油和天然气工业 管道输送系统用工厂预制弯管、管件和法兰 第4部分：工厂冷弯管 Petroleum and natural gas industries—Factory bends，fittings and flanges for pipeline transportation systems—Part 4：Factory cold bends
16	ISO 16440：2016	石油和天然气工业 管道输送系统 钢套管管道的设计、施工和维护 Petroleum and natural gas industries—Pipeline transportation systems—Design，construction and maintenance of steel cased pipelines
17	ISO 16708：2006	石油和天然气工业 管道输送系统基于可靠性的极限状态方法 Petroleum and natural gas industries—Pipeline transportation systems—Reliability-based limit state methods
18	ISO 19345-1：2019	石油和天然气工业 管道输送系统 管道完整性管理规范 第1部分：陆上管道全生命周期完整性管理 Petroleum and natural gas industry—Pipeline transportation systems—Pipeline integrity management specification—Part 1：Full-life cycle integrity management for onshore pipeline
19	ISO 19345-2：2019	石油和天然气工业 管道输送系统 管道完整性管理规范 第2部分：近海管道全生命周期完整性管理 Petroleum and natural gas industry—Pipeline transportation systems—Pipeline integrity management specification—Part 2：Full-life cycle integrity management for offshore pipeline
20	ISO 20074：2019	石油和天然气工业 管道输送系统 陆上管道地质灾害风险管理 Petroleum and natural gas industry—Pipeline transportation systems—Geological hazard risk management for onshore pipeline
21	ISO 21329：2004	石油和天然气工业 管道输送系统 机械连接器测试程序 Petroleum and natural gas industries—Pipeline transportation systems—Test procedures for mechanical connectors
22	ISO 21809-1：2018	石油和天然气工业 管道输送系统用埋地或水下管道的外涂层 第1部分：聚烯烃涂层（3PE和3PP） Petroleum and natural gas industries—External coatings for buried or submerged pipelines used in pipeline transportation systems—Part 1：Polyolefin coatings（3-layer PE and 3-layer PP）
23	ISO 21809-2：2014	石油和天然气工业 管道输送系统用埋地或水下管道的外涂层 第2部分：单层熔结环氧涂层 Petroleum and natural gas industries—External coatings for buried or submerged pipelines used in pipeline transportation systems—Part 2：Single layer fusion-bonded epoxy coatings
24	ISO 21809-3：2016	石油和天然气工业 管道输送系统用埋地或水下管道的外涂层 第3部分：现场补口涂层 Petroleum and natural gas industries—External coatings for buried or submerged pipelines used in pipeline transportation systems—Part 3：Field joint coatings

续表

序号	标准号	标准名称
25	ISO 21809-3：2016/ Amd 1：2020	石油和天然气工业 管道输送系统用埋地或水下管道的外涂层 第 3 部分：现场补口涂层 修改件 1：网状基材涂层系统介绍 Petroleum and natural gas industries—External coatings for buried or submerged pipelines used in pipeline transportation systems—Part 3：Field joint coatings—Amendment 1：Introduction of mesh-backed coating systems
26	ISO 21809-4：2009	石油和天然气工业 管道输送系统用埋地或水下管道的外涂层 第 4 部分：聚乙烯涂层（双层聚乙烯） Petroleum and natural gas industries—External coatings for buried or submerged pipelines used in pipeline transportation systems—Part 4：Polyethylene coatings（2-layer PE）
27	ISO 21809-5：2017	石油和天然气工业 管道输送系统用埋地或水下管道的外涂层 第 5 部分：外部混凝土涂层 Petroleum and natural gas industries—External coatings for buried or submerged pipelines used in pipeline transportation systems—Part 5：External concrete coatings
28	ISO 21809-11：2019	石油和天然气工业 管道输送系统用埋地或水下管道的外涂层 第 11 部分：现场施工、涂层修补和修复用涂层 Petroleum and natural gas industries—External coatings for buried or submerged pipelines used in pipeline transportation systems—Part 11：Coatings for in-field application，coating repairs and rehabilitation
29	ISO 21857：2021	石油、石化和天然气工业 受杂散电流影响管道系统的腐蚀防护 Petroleum，petrochemical and natural gas industries—Prevention of corrosion on pipeline systems influenced by stray currents

2.4.2 正在制修订的标准

ISO/TC67/SC2 正在制修订的标准计划共 16 项，见表 10。

表 10 ISO/TC67/SC2 标准计划项目

序号	计划号	标准名称	阶段号	历次发布版本
1	ISO/AWI 10903	管道地质灾害监测技术、流程和系统 Pipeline geohazards monitoring technologies，processes and systems	20.00	
2	ISO/DIS 12736-1	石油和天然气工业 管道和海底设备的湿热隔离系统 第 1 部分：材料和隔离系统的验证 Petroleum and natural gas industries—Wet thermal insulation systems for pipelines and subsea equipment—Part 1：Validation of materials and insulation systems	40.99	2014
3	ISO/DIS 12736-2	石油和天然气工业 管道和海底设备的湿热隔离系统 第 2 部分：生产和施工步骤的认可程序 Petroleum and natural gas industries—Wet thermal insulation systems for pipelines and subsea equipment—Part 2：Qualification processes for production and application procedures	40.99	2014

续表

序号	计划号	标准名称	阶段号	历次发布版本
4	ISO/DIS 12736-3	石油和天然气工业 管道和海底设备的湿热隔离系统 第3部分：系统、现场补口系统、现场修补和预制保温管道之间的接口 Petroleum and natural gas industries—Wet thermal insulation systems for pipelines and subsea equipment—Part 3 : Interfaces between systems, field joint system, field repairs and prefabricated insulation	40.99	2014
5	ISO/AWI 12747	石油和天然气工业 管道输送系统 延长管道寿命的推荐规程 Petroleum and natural gas industries—Pipeline transportation systems—Recommended practice for pipeline life extension	20.00	2011
6	ISO 13623 : 2017/ CD Amd 1	石油和天然气工业 管道输送系统 修改件 1 Petroleum and natural gas industries—Pipeline transportation systems—Amendment 1	30.99	
7	ISO/AWI 15589-1	石油、石化和天然气工业 管道系统的阴极保护 第1部分：陆上管道 Petroleum, petrochemical and natural gas industries—Cathodic protection of pipeline systems—Part 1 : On-land pipelines	10.99	2015，2003
8	ISO/DIS 15589-2	石油、石化和天然气工业 管道输送系统的阴极保护 第2部分：近海管道 Petroleum, petrochemical and natural gas industries—Cathodic protection of pipeline transportation systems—Part 2 : Offshore pipelines	40.99	2012，2004
9	ISO/DIS 21809-2	石油和天然气工业 管道输送系统用埋地或水下管道的外涂层 第2部分：单层熔结环氧涂层 Petroleum and natural gas industries—External coatings for buried or submerged pipelines used in pipeline transportation systems—Part 2 : Single layer fusion-bonded epoxy coatings	40.6	2014，2007，2008
10	ISO/AWI 21809-3	石油和天然气工业 管道输送系统用埋地或水下管道的外涂层 第3部分：现场补口涂层 Petroleum and natural gas industries—External coatings for buried or submerged pipelines used in pipeline transportation systems—Part 3 : Field joint coatings	20.00	2016，2008，2011
11	ISO/AWI 21809-4	石油和天然气工业 管道输送系统用埋地或水下管道的外涂层 第4部分：聚乙烯涂层（2层PE） Petroleum and natural gas industries—External coatings for buried or submerged pipelines used in pipeline transportation systems—Part 4 : Polyethylene coatings（2-layer PE）	20.00	2009

续表

序号	计划号	标准名称	阶段号	历次发布版本
12	ISO/AWI 21809-5	石油和天然气工业 管道输送系统用埋地或水下管道的外涂层 第 5 部分：外部混凝土涂层 Petroleum and natural gas industries—External coatings for buried or submerged pipelines used in pipeline transportation systems—Part 5：External concrete coatings	20.00	2017，2010
13	ISO/AWI 22504	石油和天然气工业 管道输送系统 陆上和近海管道清管器收发设计要求 Petroleum and natural gas industries—Pipeline transportation systems—Onshore and offshore pipelines pig traps design requirements	20.00	
14	ISO/CD 22974	石油和天然气工业 管道输送系统 管道完整性评估规范 Petroleum and natural gas industries—Pipeline transportation systems—Pipeline integrity assessment specification	30.99	
15	ISO/FDIS 24139-1	石油和天然气工业 管道输送系统用耐蚀合金复合弯管及管件 第 1 部分：复合弯管 Petroleum and natural gas industries—Corrosion resistant alloy clad bends and fittings for pipeline transportation system—Part 1：Clad bends	50.00	
16	ISO/DIS 24139-2	石油和天然气工业 管道输送系统用耐蚀合金复合弯管及管件 第 2 部分：复合管件 Petroleum and natural gas industries—Corrosion resistant alloy clad bends and fittings for pipeline transportation system—Part 2：Clad fittings	40.99	

2.4.3 废止的标准

截至 2022 年 5 月，ISO/TC67/SC2 废止标准共 21 项（含作废标准的历次版本），均有替代标准，无完全作废标准，见表 11。

表 11 ISO/TC67/SC2 废止的标准

序号	标准号	标准名称	废止年份	替代标准
1	ISO 3183：2007	石油和天然气工业 管道输送系统用钢管 Petroleum and natural gas industries—Steel pipe for pipeline transportation systems	2012	ISO 3183：2012
2	ISO 3183：2012	石油和天然气工业 管道输送系统用钢管 Petroleum and natural gas industries—Steel pipe for pipeline transportation systems	2019	ISO 3183：2019
3	ISO 3183：2012/ Amd 1：2017	石油和天然气工业 管道输送系统用钢管 修改件 1 Petroleum and natural gas industries—Steel pipe for pipeline transportation systems—Amendment 1	2019	ISO 3183：2019

续表

序号	标准号	标准名称	废止年份	替代标准
4	ISO 13623：2000	石油和天然气工业 管道输送系统 Petroleum and natural gas industries—Pipeline transportation systems	2009	ISO 13623：2009
5	ISO 13623：2009	石油和天然气工业 管道输送系统 Petroleum and natural gas industries—Pipeline transportation systems	2017	ISO 13623：2017
6	ISO 13847：2000	石油和天然气工业 管道输送系统 管道焊接 Petroleum and natural gas industries—Pipeline transportation systems— Welding of pipelines	2013	ISO 13847：2013
7	ISO 13847：2000/Cor 1：2001	石油和天然气工业 管道输送系统 管道焊接 技术勘误 1 Petroleum and natural gas industries—Pipeline transportation systems— Welding of pipelines—Technical Corrigendum 1	2013	ISO 13847：2013
8	ISO 14313：1999	石油和天然气工业 管道输送系统 管道阀门 Petroleum and natural gas industries—Pipeline transportation systems—Pipeline valves	2007	ISO 14313：2007
9	ISO 14723：2001	石油和天然气工业 管道输送系统 海底管道阀门 Petroleum and natural gas industries—Pipeline transportation systems—Subsea pipeline valves	2009	ISO 14723：2009
10	ISO 15589-1：2003	石油和天然气工业 管道输送系统的阴极保护的第 1 部分：陆上管道 Petroleum and natural gas industries—Cathodic protection of pipeline transportation systems—Part 1：On-land pipelines	2015	ISO 15589-1：2015
11	ISO 15589-2：2004	石油和天然气工业 管道输送系统的阴极保护的第 2 部分：近海管道 Petroleum and natural gas industries—Cathodic protection of pipeline transportation systems—Part 2：Offshore pipelines	2012	ISO 15589-2：2012
12	ISO 15590-1：2001	石油和天然气工业 管道输送系统用热煨弯管、管件和法兰 第 1 部分：热煨弯管 Petroleum and natural gas industries—Induction bends，fittings and flanges for pipeline transportation systems—Part 1：Induction bends	2009	ISO 15590-1：2009
13	ISO 15590-1：2009	石油和天然气工业 管道输送系统用热煨弯管、管件和法兰 第 1 部分：热煨弯管 Petroleum and natural gas industries—Induction bends，fittings and flanges for pipeline transportation systems—Part 1：Induction bends	2018	ISO 15590-1：2018

续表

序号	标准号	标准名称	废止年份	替代标准
14	ISO 15590-2：2003	石油和天然气工业 管道输送系统用热煨弯管、管件和法兰 第 2 部分：管件 Petroleum and natural gas industries—Induction bends, fittings and flanges for pipeline transportation systems—Part 2：Fittings	2021	ISO 15590-2：2021
15	ISO 15590-3：2004	石油和天然气工业 管道输送系统用热煨弯管、管件和法兰 第 3 部分：法兰 Petroleum and natural gas industries—Induction bends, fittings and flanges for pipeline transportation systems—Part 3：Flanges	2022	ISO 15590-3：2022
16	ISO 21809-1：2011	石油和天然气工业 管道输送系统用埋地或水下管道的外涂层 第 1 部分：聚烯烃涂料（3PE 和 3PP） Petroleum and natural gas industries—External coatings for buried or submerged pipelines used in pipeline transportation systems—Part 1：Polyolefin coatings（3-layer PE and 3-layer PP）	2018	ISO 21809-1：2018
17	ISO 21809-2：2007	石油和天然气工业 管道输送系统用埋地或水下管道的外涂层 第 2 部分：熔结环氧涂层 Petroleum and natural gas industries—External coatings for buried or submerged pipelines used in pipeline transportation systems—Part 2：Fusion-bonded epoxy coatings	2014	ISO 21809-2：2014
18	ISO 21809-2：2007/ Cor 1：2008	石油和天然气工业 管道输送系统用埋地或水下管道的外涂层 第 2 部分：熔结环氧涂料 技术勘误 1 Petroleum and natural gas industries—External coatings for buried or submerged pipelines used in pipeline transportation systems—Part 2：Fusion-bonded epoxy coatings—Technical Corrigendum 1	2014	ISO 21809-2：2014
19	ISO 21809-3：2008	石油和天然气工业 管道输送系统用埋地或水下管道的外涂层 第 3 部分：现场补口涂层 Petroleum and natural gas industries—External coatings for buried or submerged pipelines used in pipeline transportation systems—Part 3：Field joint coatings	2016	ISO 21809-3：2016
20	ISO 21809-3：2008/ Amd 1：2011	石油和天然气工业 管道输送系统用埋地或水下管道的外涂层 第 3 部分：现场补口涂层 修改件 1 Petroleum and natural gas industries—External coatings for buried or submerged pipelines used in pipeline transportation systems—Part 3：Field joint coatings—Amendment 1	2016	ISO 21809-3：2016

续表

序号	标准号	标准名称	废止年份	替代标准
21	ISO 21809-5：2010	石油和天然气工业 管道输送系统用埋地或水下管道的外涂层 第5部分：外部混凝土涂层 Petroleum and natural gas industries—External coatings for buried or submerged pipelines used in pipeline transportation systems—Part 5：External concrete coatings	2017	ISO 21809-5：2017

2.5 ISO/TC67/SC5 标准进展

2.5.1 已经发布的现行标准

截至2022年5月，ISO/TC67/SC5已经发布标准12项，见表12。

表12 ISO/TC67/SC5 发布的现行标准

序号	标准号	标准名称
1	ISO/TR 10400：2018	石油和天然气工业 套管、油管、钻杆和用作套管或油管的管线管性能的公式和计算 Petroleum and natural gas industries—Formulae and calculations for the properties of casing，tubing，drill pipe and line pipe used as casing or tubing
2	ISO 10405：2000	石油和天然气工业 套管和油管的维护和使用 Petroleum and natural gas industries—Care and use of casing and tubing
3	ISO 11960：2020	石油和天然气工业 油井套管或油管用钢管 Petroleum and natural gas industries—Steel pipes for use as casing or tubing for wells
4	ISO 11961：2018	石油和天然气工业 钢钻杆 Petroleum and natural gas industries—Steel drill pipe
5	ISO 11961：2018/Amd 1：2020	石油和天然气工业 钢钻杆 修改件1 Petroleum and natural gas industries—Steel drill pipe—Amendment 1
6	ISO/TS 12835：2022	热井套管连接的鉴定 Qualification of casing connections for thermal wells
7	ISO 13678：2010	石油和天然气工业 套管、油管、管线管和钻杆元件用丝扣油的评估和测试 Petroleum and natural gas industries—Evaluation and testing of thread compounds for use with casing，tubing，line pipe and drill stem elements
8	ISO 13679：2019	石油和天然气工业 套管和油管连接的测试程序 Petroleum and natural gas industries—Procedures for testing casing and tubing connections

续表

序号	标准号	标准名称
9	ISO 13680：2020	石油和天然气工业 套管、油管、联轴节和附件材料用耐蚀合金无缝管产品 技术交货条件 Petroleum and natural gas industries—Corrosion-resistant alloy seamless tubular products for use as casing, tubing, coupling stock and accessory material—Technical delivery conditions
10	ISO 15463：2003	石油和天然气工业 新套管、油管和平端钻杆的现场检验 Petroleum and natural gas industries—Field inspection of new casing, tubing and plain-end drill pipe
11	ISO 15463：2003/Cor 1：2009	石油和天然气工业 新套管、油管和平端钻杆的现场检验 技术勘误 1 Petroleum and natural gas industries—Field inspection of new casing, tubing and plain-end drill pipe—Technical corrigendum 1
12	ISO/PAS 24565；2022	石油和天然气工业 陶瓷内衬管 Petroleum and natural gas industries—ceramic Lined tubing

2.5.2 正在制定的标准

截至 2022 年 5 月，ISO/TC67/SC5 尚未有标准制定计划。

2.5.3 废止的标准

截至 2022 年 5 月，ISO/TC67/SC5 废止的标准共 27 项（含作废标准的历次版本），纯作废标准 3 项，见表 13。

表 13 ISO/TC67/SC5 废止的标准

序号	标准号	标准名称	废止年份	替代标准
1	ISO 2644：1975	石油和天然气工业用材料和设备 石油或天然气井用钢钻杆 Materials and equipment for petroleum and natural gas industries—Steel drill pipe for oil or natural gas wells	2017	
2	ISO 2645：1975	石油和天然气工业用材料和设备 石油或天然气井用套管和油管 Materials and equipment for petroleum and natural gas industries—Casing and tubing for oil or natural gas wells	1996	ISO 11960：1996
3	ISO 3962：1977	石油和天然气工业用材料和设备 石油或天然气井用钢钻杆工具接头 Materials and equipment for petroleum and natural gas industries—Tool joints for steel drill pipe for oil or natural gas wells	1996	

续表

序号	标准号	标准名称	废止年份	替代标准
4	ISO 10400：1993	石油和天然气工业 套管、油管、钻杆和管线管的公式和计算 Petroleum and natural gas industries—Formulae and calculation for casing，tubing，drill pipe and line pipe properties	2007	ISO/TR 10400：2007
5	ISO/TR 10400：2007	石油和天然气工业 套管、油管、钻杆和用作套管或油管管线管性能的公式和计算 Petroleum and natural gas industries—Equations and calculations for the properties of casing，tubing，drill pipe and line pipe used as casing or tubing	2018	ISO/TR 10400：2018
6	ISO 10405：1993	石油和天然气工业 套管和油管的维护和使用 Petroleum and natural gas industries—Care and use of casing and tubing	2000	ISO 10405：2000
7	ISO 10422：1993	石油和天然气工业 套管、油管和管线管螺纹的螺纹、计量和螺纹检查 规范 Petroleum and natural gas industries—Threading，gauging，and thread inspection of casing，tubing and line pipe threads—Specification		
8	ISO 11960：1996	石油和天然气工业 油井套管或油管用钢管 Petroleum and natural gas industries—Steel pipes for use as casing or tubing for wells	2001	ISO 11960：2001
9	ISO 11960：2001	石油和天然气工业 油井套管或油管用钢管 Petroleum and natural gas industries—Steel pipes for use as casing or tubing for wells	2004	ISO 11960：2004
10	ISO 11960：2001/Cor 1：2002	石油和天然气工业 油井套管或油管用钢管 技术勘误 1 Petroleum and natural gas industries—Steel pipes for use as casing or tubing for wells—Technical Corrigendum 1	2004	ISO 11960：2004
11	ISO 11960：2004	石油和天然气工业 油井套管或油管用钢管 Petroleum and natural gas industries—Steel pipes for use as casing or tubing for wells	2011	ISO 11960：2011
12	ISO 11960：2004/Cor 1：2006	石油和天然气工业 油井套管或油管用钢管 技术勘误 1 Petroleum and natural gas industries—Steel pipes for use as casing or tubing for wells —Technical Corrigendum 1	2011	ISO 11960：2011
13	ISO 11960：2011	石油和天然气工业 油井套管或油管用钢管 Petroleum and natural gas industries—Steel pipes for use as casing or tubing for wells	2014	ISO 11960：2014
14	ISO 11960：2014	石油和天然气工业 油井套管或油管用钢管 Petroleum and natural gas industries—Steel pipes for use as casing or tubing for wells	2020	ISO 11960：2020

续表

序号	标准号	标准名称	废止年份	替代标准
15	ISO 11961：1996	石油和天然气工业 用作钻杆的钢管 规范 Petroleum and natural gas industries—Steel pipes for use as drill pipe—Specification	2008	ISO 11961：2008
16	ISO 11961：2008	石油和天然气工业 钢钻杆 Petroleum and natural gas industries—Steel drill pipe	2018	ISO 11961：2018
17	ISO 11961：2008/ Cor 1：2009	石油和天然气工业 钢钻杆 技术勘误 1 Petroleum and natural gas industries—Steel drill pipe — Technical Corrigendum 1	2018	ISO 11961：2018
18	ISO/PAS 12835：2013	热井套管连接的鉴定 Qualification of casing connections for thermal wells		ISO/TS 12835：2022
19	ISO 13678：2000	石油和天然气工业 套管、油管、管线管和钻杆元件用丝扣油的评估和测试 Petroleum and natural gas industries—Evaluation and testing of thread compounds for use with casing，tubing and line pipe	2009	ISO 13678：2009
20	ISO 13678：2000/ Cor 1：2005	石油和天然气工业 套管、油管、管线管和钻杆元件用丝扣油的评估和测试 技术勘误 1 Petroleum and natural gas industries—Evaluation and testing of thread compounds for use with casing，tubing and line pipe—Technical Corrigendum 1	2009	ISO 13678：2009
21	ISO 13678：2009	石油和天然气工业 套管、油管、管线管和钻杆元件用丝扣油的评估和测试 Petroleum and natural gas industries—Evaluation and testing of thread compounds for use with casing，tubing，line pipe and drill stem elements	2010	ISO 13678：2010
22	ISO 13679：2002	石油和天然气工业 套管和油管连接的测试程序 Petroleum and natural gas industries—Procedures for testing casing and tubing connections	2019	ISO 13679：2019
23	ISO 13680：2000	石油和天然气工业 套管、油管和联轴节用耐蚀合金无缝管 技术交货条件 Petroleum and natural gas industries—Corrosion-resistant alloy seamless tubes for use as casing，tubing and coupling stock—Technical delivery conditions	2008	ISO 13680：2008
24	ISO 13680：2000/ Cor 1：2002	石油和天然气工业 套管、油管和联轴节用耐蚀合金无缝管 技术交货条件 技术勘误 1 Petroleum and natural gas industries—Corrosion-resistant alloy seamless tubes for use as casing，tubing and coupling stock—Technical delivery conditions—Technical Corrigendum 1	2008	ISO 13680：2008

续表

序号	标准号	标准名称	废止年份	替代标准
25	ISO 13680：2000/Cor 2：2004	石油和天然气工业 套管、油管和联轴节用耐蚀合金无缝管 技术交货条件 技术勘误 2 Petroleum and natural gas industries—Corrosion-resistant alloy seamless tubes for use as casing，tubing and coupling stock—Technical delivery conditions—Technical Corrigendum 2	2008	ISO 13680：2008
26	ISO 13680：2008	石油和天然气工业 套管、油管和联轴节用耐蚀合金无缝管 技术交货条件 Petroleum and natural gas industries—Corrosion-resistant alloy seamless tubes for use as casing，tubing and coupling stock—Technical delivery conditions	2010	ISO 13680：2010
27	ISO 13680：2010	石油和天然气工业 套管、油管和联轴节用耐蚀合金无缝管 技术交货条件 Petroleum and natural gas industries—Corrosion-resistant alloy seamless tubes for use as casing，tubing and coupling stock—Technical delivery conditions	2020	ISO 13680：2020

2.6 ISO/TC67/SC9 标准进展

2.6.1 已经发布的现行标准

截至 2022 年 5 月，ISO/TC67/SC9 已经发布现行标准 11 项，见表 14。

表 14 ISO/TC67/SC9 发布的现行标准

序号	标准号	标准名称
1	ISO/TS 16901：2015	包括船 / 岸接口的陆上液化天然气装置风险评估设计执行指南 Guidance on performing risk assessment in the design of onshore LNG installations including the ship / shore interface
2	ISO 16903：2015	石油和天然气工业　影响设计和材料选择的液化天然气特性 Petroleum and natural gas industries—Characteristics of LNG，influencing the design，and material selection（First Edition）
3	ISO 16904：2016	石油和天然气工业　用于常规沿岸码头的液化天然气装卸臂的设计和试验 Petroleum and natural gas industries—Design and testing of LNG marine transfer arms for conventional onshore terminals（First Edition）
4	ISO/TR 17177：2015	石油和天然气工业　混合液化天然气终端的海洋接口指南 Petroleum and natural gas industries—Guidelines for the marine interfaces of hybrid LNG terminals（First Edition）
5	ISO/TS 18638：2021	液化天然气燃料加注作业安全和风险评估指南 Guidelines for safety and risk assessment of LNG fuel bunkering operations

续表

序号	标准号	标准名称
6	ISO 20088-1：2016	隔热材料防低温溢出的测定　第 1 部分：液相法 Determination of the resistance to cryogenic spillage of insulation materials—Part 1：Liquid phase（First Edition）
7	ISO 20088-2：2020	隔热材料防低温溢出的测定　第 2 部分：蒸汽暴露法 Determination of the resistance to cryogenic spill of insulation materials—Part 2：Vapour exposure
8	ISO 20088-3：2018	隔热材料防低温溢出的测定　第 3 部分：喷射器释放法 Determination of the resistance to cryogenic spill of insulation materials—Part 3：Jet release
9	ISO 20257-1：2020	液化天然气的设施和设备　浮式液化天然气（LNG）设施的设计 . 第 1 部分：通用要求 Installation and equipment for liquefied natural gas—Design of floating LNG installations—Part 1：General requirements
10	ISO 20257-2：2021	液化天然气的设施和设备　浮式液化天然气（LNG）设施的设计 . 第 2 部分：特殊的 FSRU（浮式储存及再气化装置）问题 Installation and equipment for liquefied natural gas—Design of floating LNG installations—Part 2：Specific FSRU issues
11	ISO 28460：2010	石油和天然气工业　液化天然气用设备和设施　船岸接口和港口操作 Petroleum and natural gas industries—Installation and equipment for liquefied natural gas—Ship-to-shore interface and port operations（First Edition）

2.6.2　正在制定的标准

截至 2022 年 5 月，ISO/TC67/SC9 正在制定 3 项标准，见表 15。

表 15　ISO/TC67/SC9 正在制定的标准

序号	计划号	标准名称	阶段号	历次发布版本
1	ISO/AWI 5124	液化天然气装置和设备　液化天然气铁路罐车应用 Installations and equipment for LNG—LNG railcar applications	20.00	
2	ISO/DIS 6338	LNG 工厂 GHG（温室气体）排放量计算方法 Method to calculate GHG emissions at LNG plant	40.00	
3	ISO/DTS 16901	包括船 / 岸上支持接口的陆上液化天然气装置风险评估设计执行指南 Guidance on performing risk assessment in the design of onshore LNG installations including the ship/shore interface	30.20	ISO 16901：2015

2.6.3　废止的标准

截至 2022 年 5 月，ISO/TC67/SC9 废止的标准只有 1 项，有替代标准，见表 16。

表 16　ISO/TC67/SC9 废止的标准

序号	标准号	标准名称	废止年代	替代标准
1	ISO/TS 18638：2015	船用液化天然气燃料供应系统和装置指南 Guidelines for systems and installations for supply of LNG as fuel to ships	2021	ISO/TS 18638：2021

2.7 ISO/TC197 标准进展

2.7.1 ISO/TC197 发布的现行标准

ISO/TC197 目前共发布标准 18 项，见表 17，涵盖氢质量、氢安全、制氢、储氢、加氢站等领域。

表 17　ISO/TC197 发布的标准

序号	标准号	英文名称	中文名称
1	ISO 13984：1999	Liquid hydrogen—Land vehicle fuelling system interface	液氢—陆地车辆燃料加注系统接口
2	ISO 13985：2006	Liquid hydrogen—Land vehicle fuel tanks	液氢—陆地车辆燃料箱
3	ISO 14687：2019	Hydrogen fuel quality—Product specification	氢燃料质量—产品规范
4	ISO/TR 15916：2015	Basic considerations for the safety of hydrogen systems	氢系统安全的基本要求
5	ISO 16110-1：2007	Hydrogen generators using fuel processing technologies—Part 1：Safety	使用燃料处理技术的氢气发生器　第 1 部分：安全性
6	ISO 16110-2：2010	Hydrogen generators using fuel processing technologies—Part 2：Test methods for performance	使用燃料处理技术的氢气发生器　第 2 部分：性能试验方法
7	ISO 16111：2018	Transportable gas storage devices—Hydrogen absorbed in reversible metal hydride	可运输气体储存装置—可逆金属氢化物中吸收的氢
8	ISO 17268：2020	Gaseous hydrogen land vehicle refuelling connection devices	氢气陆地车辆燃料加注连接装置
9	ISO 19880-1：2020	Gaseous hydrogen—Fuelling stations—Part 1：General requirements	氢气—加氢站—第 1 部分：通用要求
10	ISO 19880-3：2018	Gaseous hydrogen—Fuelling stations—Part 3：Valves	氢气—加氢站—第 3 部分：阀门
11	ISO 19880-5：2019	Gaseous hydrogen—Fuelling stations—Part 5：Dispenser hoses and hose assemblies	氢气—加氢站—第 5 部分：分配器软管和软管组件

续表

序号	标准号	英文名称	中文名称
12	ISO 19880-8：2019	Gaseous hydrogen—Fuelling stations—Part 8：Fuel quality control	氢气—加氢站—第 8 部分：燃料质量控制
13	ISO 19880-8：2019/AMD 1：2021	Gaseous hydrogen—Fuelling stations—Part 8：Fuel quality control—Amendment 1：Alignment with Grade D of ISO 14687	氢气—加氢站—第 8 部分：燃料质量控制 . 修改件 1：符合 ISO 14687 的 D 级
14	ISO 19881：2018	Gaseous hydrogen—Land vehicle fuel containers	氢气—陆地车辆燃料容器
15	ISO 19882：2018	Gaseous hydrogen—Thermally activated pressure relief devices for compressed hydrogen vehicle fuel containers	氢气—压缩氢车辆燃料容器用热启动减压装置
16	ISO/TS 19883：2017	Safety of pressure swing adsorption systems for hydrogen separation and purification	用于氢气分离和净化的变压吸附系统的安全性
17	ISO 22734：2019	Hydrogen generators using water electrolysis—Industrial，commercial，and residential applications	水电解制氢—工业、商业和住宅应用
18	ISO 26142：2010	Hydrogen detection apparatus—Stationary applications	氢检测设备—固定式应用

2.7.2 ISO/TC197 正在制修订的标准

ISO/TC197 正在制修订标准 17 项，见表 18。

表 18 ISO/TC197 正在制定的标准

序号	标准号	英文名称	中文名称	备注
1	ISO/AWI 14687	Hydrogen fuel quality—Product specification	氢燃料质量—产品规范	制定
2	ISO/AWI TR 15916	Basic considerations for the safety of hydrogen systems	氢系统安全的基本要求	修订
3	ISO/AWI 17268	Gaseous hydrogen land vehicle refuelling connection devices	氢气陆地车辆燃料加注连接装置	修订
4	ISO/AWI 19880-5	Gaseous hydrogen—Fuelling stations—Part 5：Dispenser hoses and hose assemblies	氢气—加氢站—第 5 部分：分配器软管和软管组件	修订
5	ISO/CD 19880-6	Gaseous hydrogen—Fueling stations—Part 6：Fittings	氢气—加氢站—第 6 部分：配件	制定
6	ISO/AWI 19880-7	Gaseous hydrogen—Fuelling stations—Part 7：O-rings	氢气—加氢站—第 7 部分：O 形圈	制定
7	ISO/AWI 19880-8	Gaseous hydrogen—Fuelling stations—Part 8：Fuel quality control	氢气—加氢站—第 8 部分：燃料质量控制	修订

续表

序号	标准号	英文名称	中文名称	备注
8	ISO/AWI 19880-9	Gaseous hydrogen—Fuelling stations—Part 9 : Sampling for fuel quality analysis	氢气—加氢站—第 9 部分：燃料质量分析取样	制定
9	ISO/AWI 19881	Gaseous hydrogen—Land vehicle fuel containers	氢气—陆地车辆燃料容器	修订
10	ISO/AWI 19882	Gaseous hydrogen—Thermally activated pressure relief devices for compressed hydrogen vehicle fuel containers	氢气—压缩氢车辆燃料容器用热启动减压装置	修订
11	ISO/WD 19884	Gaseous hydrogen—Cylinders and tubes for stationary storage	氢气—固定式氢气储氢瓶和管路	制定
12	ISO/AWI 19885-1	Gaseous hydrogen—Fuelling protocols for hydrogen-fuelled vehicles—Part 1 : Design and development process for fuelling protocols	氢气—氢燃料车辆的燃料加注协议—第 1 部分：燃料加注协议的设计和开发过程	制定
13	ISO/AWI 19885-2	Gaseous hydrogen—Fuelling protocols for hydrogen-fuelled vehicles—Part 2 : Definition of communications between the vehicle and dispenser control systems	氢气—氢燃料车辆的燃料加注协议—第 2 部分：车辆和分配控制系统之间通信的定义	制定
14	ISO/AWI 19885-3	Gaseous hydrogen—Fuelling protocols for hydrogen-fuelled vehicles—Part 3 : High flow hydrogen fuelling protocols for heavy duty road vehicles	氢气—氢燃料车辆的燃料加注协议—第 3 部分：重型道路车辆的高流量氢燃料加注协议	制定
15	ISO/AWI 19887	Gaseous Hydrogen—Fuel system components for hydrogen fuelled vehicles	氢气—氢燃料车辆用燃料系统组件	制定
16	ISO/AWI 22734-1	Hydrogen generators using water electrolysis—Industrial, commercial, and residential applications—Part 1 : General requirements, test protocols and safety requirements	水电解制氢装置—工业、商业和住宅应用—第 1 部分：通用要求、试验程序和安全要求	修订
17	ISO/AWI TR 22734-2	Hydrogen generators using water electrolysis—Part 2 : Testing guidance for performing electricity grid service	水电解制氢装置—第 2 部分：执行电网服务的测试指南	制定

2.8 ISO/TC265 标准进展

2.8.1 ISO/TC265 已经发布的现行标准

截至 2022 年 5 月，ISO/TC265 目前共发布标准 12 项，见表 19。其中，“ISO/TR

27915：2017 二氧化碳捕集、运输与地质封存 量化和验证”和“ISO/TR 27918：2018 CCS 项目的生命周期风险管理”由中国主导制定。

表 19 ISO/TC265 发布的标准

序号	标准号	英文名称	中文名称
1	ISO/TR 27912：2016	Carbon dioxide capture—Carbon dioxide capture systems，technologies and processes	二氧化碳捕集—二氧化碳捕集系统、技术和过程
2	ISO 27913：2016	Carbon dioxide capture，transportation and geological storage—Pipeline transportation systems	二氧化碳捕集、运输和地质封存—管道运输系统
3	ISO 27914：2017	Carbon dioxide capture，transportation and geological storage—Geological storage	二氧化碳捕集、运输和地质封存—地质封存
4	ISO/TR 27915：2017	Carbon dioxide capture，transportation and geological storage—Quantification and verification	二氧化碳捕集、运输和地质封存—量化和验证
5	ISO 27916：2019	Carbon dioxide capture，transportation and geological storage—Carbon dioxide storage using enhanced oil recovery（CO_2-EOR）	二氧化碳捕集、运输和地质封存—二氧化碳驱油（CO_2-EOR）
6	ISO 27917：2017	Carbon dioxide capture，transportation and geological storage—Vocabulary—Cross cutting terms	二氧化碳捕集、运输和地质封存—术语—交叉术语
7	ISO/TR 27918：2018	Lifecycle risk management for integrated CCS projects	CCS 项目的生命周期风险管理
8	ISO 27919-1：2018	Carbon dioxide capture—Part 1：Performance evaluation methods for post-combustion CO_2 capture integrated with a power plant	二氧化碳捕集—第 1 部分：电厂燃烧后二氧化碳捕集效率评估方法
9	ISO 27919-2：2021	Carbon dioxide capture—Part 2：Evaluation procedure to assure and maintain stable performance of post-combustion CO_2 capture plant integrated with a power plant	二氧化碳捕集—第 2 部分：电厂燃烧后二氧化碳捕集维持稳定效率评估程序
10	ISO/TR 27921：2020	Carbon dioxide capture，transportation，and geological storage—Cross Cutting Issues—CO_2 stream composition	二氧化碳捕集、运输和地质封存—交叉问题—二氧化碳气流组成
11	ISO/TR 27922：2021	Carbon dioxide capture—Overview of carbon dioxide capture technologies in the cement industry	二氧化碳捕集—水泥企业二氧化碳捕集技术
12	ISO/TR 27923：2022	Carbon dioxide capture，transportation，and geological storage—Injection operations，infrastructure and monitoring	二氧化碳捕集、运输和地质封存—注入作业、基础设施和监测

2.8.2 ISO/TC265 正在制定的标准

截至 2022 年 5 月，ISO/TC265 在制定的标准共 8 项，见表 20。

表 20　ISO/TC265 正在制定的标准

序号	标准号	英文名称	中文名称
1	ISO/AWI 27913	Carbon dioxide capture，transportation and geological storage—Pipeline transportation systems	二氧化碳捕集、运输和地质封存—管道运输系统
2	ISO/AWI 27914	Carbon dioxide capture，transportation and geological storage—Geological storage	二氧化碳捕集、运输和地质封存—地质封存
3	ISO/AWI TS 27924	Risk management for integrated CCS projects	集成 CCS 的项目风险管理
4	ISO/AWI TR 27925	Flow Assurance	流动保障
5	ISO/AWI TR 27926	Carbon dioxide enhanced oil recovery(CO_2-EOR) —Transitioning from EOR to storage	二氧化碳驱油（CO_2-EOR）—从 EOR 过渡到封存
6	ISO/AWI 27927	Carbon dioxide capture，transportation and geological storage—Key performance parameters and characterization methods of absorption liquids for post-combustion CO_2 capture	二氧化碳捕集、运输和地质封存—用于燃烧后 CO_2 捕集的吸收液的关键性能参数和表征方法
7	ISO/AWI 27928	Carbon dioxide capture，transportation and geological storage—Performance evaluation methods for CO_2 capture plants connected with CO_2 intensive plants	二氧化碳捕集、运输和地质封存—与 CO_2 密集型厂相连的 CO_2 捕集厂性能评估方法
8	ISO/AWI TR 27929	Transportation of CO_2 by ship	用船运输二氧化碳

2.9 小　结

本章对国际标准化组织 ISO 和国际电工委员会 IEC 的基本情况及其标准出版物类型进行了阐述，分析了 ISO 油气管道标准化技术委员会“ISO/TC67 含低碳能源的油气工业”的总体情况以及“ISO/TC67/SC2 管道输送系统标准化分技术委员会”“ISO/TC67/SC5 套管、油管和钻杆标准化分技术委员会”“ISO/TC67/SC9 液化天然气标准化分技术委员会”的发展情况和标准进展，并对 ISO 和 IEC 油气管道相关标准化技术委员会“ISO/TC197 氢能”“ISO/TC265 碳捕集、运输和地质封存”“ISO/IEC JTC1 信息技术标准化技术委员会”的分技术委员会“ISO/IEC JTC1/SC27 信息安全、网络安全与隐私保护”和“ISO/IEC JTC1/SC41 物联网与数字孪生”的发展情况和标准进展进行了分析。

第 3 章　油气管道国外标准化现状

美国石油学会 API、美国机械工程师协会 ASME、美国试验与材料协会 ASTM、美国材料性能与防护协会 AMPP（由美国腐蚀工程师协会 NACE 与防护涂层协会 SSPC 合并更名）是油气管道领域主要的国外先进标准化组织，本章对这 4 个标准化组织的油气管道标准化现状进行分析。

3.1 美国石油学会 API 及其标准

3.1.1　美国石油学会 API

美国石油学会 API（American Petroleum Institute）创立于 1919 年，是美国石油天然气勘探、开发、储运、炼油和销售的行业协会组织，也是全世界范围内最早、最成功的标准制定机构之一。API 标准是世界公认的先进标准，也是石油机械生产的指导原则和验收产品质量的依据，在全球石油工业标准化领域占据主导地位。

API 总部设在华盛顿，在美国 33 个州设有石油理事会，现有 150 个工业委员会，1500 余名员工，以及约 300 个团体会员和 6500 名个人会员。API 以适当的合法方式为石油天然气工业所有企业追求优先公用的方针目标，并为促进该行业的整体效益提供标准化论坛。

API 的使命是：作为一个高效率地制定与维护标准的领导机构，通过提高油田设备材料方面的安全性、互换性的适用能力，提高工程和操作作业的适用能力，尽可能减少各企业的标准数量，以满足国内及全球的油气勘探开发工业的优先需要。API 的具体职责包括：①不断改进标准的制修订办法，充分利用人力和财力资源；②坚持公开进行标准的制修订活动；③保持与其他国家、国际标准化团体和贸易协会在石油勘探开发方面的联系；④在"只作一次、力求正确、全球通用"的原则下，坚持并促进合作制定标准的战略；⑤坚持和加强 API 质量纲要，保证所提供的设备符合标准；⑥保证标准化符合相应的 API 政策，支持 API 的发展战略。

API 是美国商业部和美国贸易委员会承认的石油机械认证机构。API 的认证标志在国际上也享有很高的信誉。经检验合格并取得 API 认证标志的产品在国际石油业中可以通用，被认为质量可靠而具有先进水平，同时价格也较高。目前，API 已公布了用于 API 产品认证的 55 项产品规范。

3.1.2 API 技术委员会总体情况

API 制定了 700 项石油行业设备和操作标准，涉及石油工业各个领域，包括油田开发与生产、石油测量、海上运输、市场、管道输运、炼油、储罐、阀门以及环境安全卫生标准等，每一大类标准又分为若干小类，例如环境安全卫生标准包括：空气监测、环境安全数据、人类健康监测指标、环境损害评估、土壤和地下水评估、废气、废水、废物处理等。

API 设立标准化技术委员会、分技术委员会，其下设立工作组（WG）和任务组（TG）负责标准制修订工作，根据需要设立顾问组（AG）或资源组（RG），其标准化技术委员会、分技术委员会总体情况见表 21。

表 21　API 标准化技术委员会

编号或缩略语	中英文名称	
CSOEM	**油田设备和材料标准化委员会**	**Committee on Standardization of Oilfield Equipment and Materials**
SC2	海上结构分委会	Subcommittee on Offshore Structures
SC5	管状产品分委会	Subcommittee on Tubular Goods
SC6	阀门和井口设备分委会	Subcommittee on Valves & Wellhead Equipment
SC8	钻井结构及设备分委会	Subcommittee on Drilling Structures & Equipment
SC10	油井水泥分委会	Subcommittee on Well Cements
SC11	现场操作设备分委会	Subcommittee on Field Operating Equipment
SC13	钻井完井液和压裂液分委会	Subcommittee on Drill Completion & Fracturing Fluids
SC15	玻璃纤维塑料管材分委会	Subcommittee on Fiberglass & Plastic Tubulars
SC16	钻井控制设备分委会	Subcommittee on Drilling Well Control Equipment
SC17	海底生产设备分委会	Subcommittee on Subsea Production Equipment
SC18	质量分委会	Subcommittee on Quality
SC19	完井设备分委会	Subcommittee on Completion Equipment
SC20	供应链管理分委会	Subcommittee on Supply Chain Management
CRE	**炼油设备委员会**	**Committee on Refinery Equipment**
SCAST	地上储罐分委会	Aboveground Storage Tanks
SCCM	腐蚀与材料分委会	Subcommittee on Corrosion & Materials
SCHTE	传热设备分委会	Subcommitee on Heat Transfer Equipment
SCI	检测分委会	Subcommittee on Inspection
SCOPV	管道和阀门分委会	Subcommitee on Piping and Valves
SCPRS	泄压系统分委会	Subcommittee on Pressure-Relieving Systems

续表

编号或缩略语	中英文名称	
SOEE	电子设备分委会	Subcommittee on Electrical Equipment
SOICS	仪表与控制分委会	Subcommittee on Instruments and Controls
SOME	机械设备分委会	Subcommittee on Mechanical Equipment
DPOS	钻井和生产作业分委会	Drilling and Production Operations Subcommittee
	管道标准委员会	Pipeline Standards Committee
SFPS	安全防火委员会	Safety and Fire Protection Committee
	销售委员会	Marketing Committee
	工艺安全标准	Process Safety Standards
COPM	石油测量委员会	Committee On Petroleum Measurement
CELE	蒸发损耗评估分委会	The Subcommittee on Evaporation Loss Estimation
COGFM	天然气流体测量委员会	The Committee on Gas Fluids Measurement
COLM	液体测量分委会	The Subcommittee on Liquid Measurement
COMA	测量问责分委会	The Subcommittee on Measurement Accountability
COMET	测量的教育与培训分委会	The Subcommittee on Measurement Education & Training
COMQ	测量质量分委会	The Subcommittee on Measurement Quality
CPMA	生产计量与分配分委会	The Subcommittee on Production Measurement and Allocation
PIDX	石油工业数据交换委员会	Petroleum Industry Data Exchange
	PIDX 业务消息工作组	PIDX Business Messages Work Group
	PIDX 业务流程工作组	PIDX Business Process Work Group
	PIDX 目录与分类工作组	PIDX Catalogue and Classification Work Group
	PIDX 下游市场工作组	PIDX Downstream Work Group
	PIDX 监管报告工作组	PIDX Regulatory Reporting（REGS）Work Group

3.1.3 API 油气管道相关标准化技术委员会

以下简要介绍与油气管道相关的标准化技术委员会的基本情况。

（1）油田设备和材料标准化委员会（Committee on Standardization of Oilfield Equipment and Materials，CSOEM）

CSOEM 旨在通过提高油田设备和材料的安全性和互换性，提高工程的可靠性和加强操作实践，开发和维护满足美国和全球油气开采和生产行业需要的标准。

——SC5- 管状产品分委会

API SC5 负责研制并维护下述领域约 30 项标准。

SC05/TG01：套管，油管和钻杆；

SC05/V05B：管螺纹；

SC05/V05CST：绕线管；

SC05/V05L：连续油管；

SC05/V07：线管；

焊接不锈钢衬里（CRA）或内衬钢管，与钻柱构件。

——SC6- 阀门和井口设备分委会

API SC6 负责研制并维护下述领域约 20 项标准。

SC06/V06A：井口和采油树设备；

SC06/V06B：管道，阀门和接头。

——SC11- 现场操作设备分委会

SC11 负责研制并维护泵与泵装置、潜水泵和抽油杆等领域 22 项标准。

——SC18- 质量分委会

SC18 目前研制并维护着 1 项标准。

Spec Q1，石油和天然气工业质量管理规范。

（2）管道标准委员会（Pipeline Standards Committee）

旨在开发、修订和批准发布管道产业的统一标准。

（3）安全防火委员会（Safety and Fire Protection Committee，SFPS）

SFPS 旨在为石油天然气行业、API 委员会和成员企业提供主动的安全和职业健康专业技术与知识，从而提高石油工业整体的安全、健康、效率和环境。

（4）工艺安全标准（Process Safety Standards）

（5）石油测量委员会（Committee On Petroleum Measurement，COPM）

COPM 负责开发和维护成本效率、现状进展、烃测量标准和规程，这些标准均基于与当前测量技术相符合的合理的技术原理，并经过经营核算、工程实践和行业认可。

——蒸发损耗评估分委会（The Subcommittee on Evaporation Loss Estimation，CELE）

CELE 负责研制、批准和维护原油和石油产品存储和运输过程中的蒸发损耗和排放量估计方法，MPMS Chapter 19。

——天然气流体测量委员会（The Committee on Gas Fluids Measurement，COGFM）

COGFM 负责研制、批准和维护天然气流体测量标准，承担 ISO/TC28/SC2 石油产品和润滑剂技术委员会 / 石油和相关产品测量分委会、ISO/TC193/SC3 天然气技术委员会 / 上游领域（Upstream area）分委会的秘书处工作。此外，COGFM 负责维护 API、AGA（American Gas Association）和 GPA（Gas Processors Association）共同研制的联合标准。

——液体测量分委会（The Subcommittee on Liquid Measurement，COLM）

COLM 负责研制、批准和维护流动液态烃测量标准，参与 ISO/TC28/SC2 石油产品和润滑剂技术委员会 / 石油和相关产品测量分委会的活动。

——测量问责分委会（The Subcommittee on Measurement Accountability，COMA）

COMA 负责研制和维护海洋测量、MPMS、Chapter 17，以及测量问责和各种运输方式过程中石油和石油产品损失控制，承担 ISO/TC28/SC6 石油产品和润滑剂技术委员会 / 大宗货物的运输、责任与对账，并参与英国石油学会。

——测量的教育与培训分委会（The Subcommittee on Measurement Education & Training，COMET）

COMET 负责开发基于现有 API 测量标准的培训计划。其中包括 MPMS Chapter 15 SI Units（国际单位制）的培训，并与其他 COPM 子委员会联合开展 MPMS Chapter 1 术语的培训。

——测量质量分委会（The Subcommittee on Measurement Quality，COMQ）

COMQ 是 API 与 ASTM D02 委员会共同组织的联合委员会。但这个委员会所研制的标准并非全部是 API-ASTM 联合标准，主要负责研制、批准和维护与烃类测量质量相关的标准（部分标准与 COPM 子委员会联合管理）。COMQ 承担 ISO/TC28/SC6 石油产品和润滑剂技术委员会 / 大宗货物的运输、责任与对账，并参与英国石油学会。

——生产计量与分配分委会（The Subcommittee on Production Measurement and Allocation，CPMA）

CPMA 负责研制、批准和维护与生产和分配计量相关的标准（MPMS Chapter 20），参与 ISO/TC193/SC3 天然气技术委员会 / 上游领域分委会，并参与英国石油学会。

3.1.4 API 标准制修订程序

API 标准制修订程序包括标准立项、标准审议、标准投票、标准修订的过程。

（1）标准立项

API 标准立项是严格的、开放式的，会员和标委会成员均可以提出立项，时间不受限制，立项应有详细的项目建议书，要求列入 3~5 名专家。项目可以是一项完整的技术标准，也可以是某项标准中的某个章节、段落，甚至一句话，一个数据。API 开放式立项方式可以保证标准体系不断完善，形成渐进式发展，使标准像生物体一样，随着技术进步而不断“生长”。

（2）标准审议

API 标准制定过程经历非常严格的多层次交叉审查，标准条款从起草过程直至完成，均要由任务组和资源组重复多次审议，再报分委会和标委会进行审议表决。审议过程通常经历较长时间，关键是各代表方意见取得协商一致。

（3）标准投票

API 标准草案经任务组、资源组、分委会和标委会审议后进入投票表决阶段。API 有特制的投票单，通过信函进行投票。投票回执有：同意、同意附加修改意见、不同意、弃权、不投票。不同意投票必须附有具体意见。根据不同意投票的附加意见，API 标委会秘书提出重新审议、再次投票或另立新提案项目。若是编辑性意见，标委会秘书将直接进行修改。

API 的投票机制是按公司投票，一个公司一张票。

（4）标准修订

API 规定：API 标准至少每 5 年进行一次复审和修订，重新认定和废止。必要时复审周期可以延长，但延长期一次最多两年。自发布之日起 5 年后出版物不再作为 API 执行标准发生效力，被允许延长有效期时，则到新版本问世为止。

API 标准提案投票是分阶段进行的，投票通过的修订意见不能立即写入正式标准，而是按照 API 标准 5 年的修订周期进行累积。即 5 年内通过的修订条款应等到下一个修订周期才能成为正式标准条款。这种修订模式使得 API 标准既不断修订，又能保证 API 标准具有较高可靠性和安全性，新标准生效前预留了足够时间，既便于用户理解和采用，也为制造商进行设备和技术更新提供了条件，保证了新标准一经生效即可贯彻执行。API 每年举行一次标准化年会，对标准修订项目进行表决。一项标准提案第一年没有通过，第二年仍将列入议案继续讨论，直至该项目通过或撤销。

3.1.5 API 标准出版物类型

API 主要进行石油开采和提炼的基础研究，制定有关设备管道及其名词术语、材料、检验方法等标准，还制定操作、海上安全和防止污染等规程，并进行产品质量认证和授予认证质量标志。API 标准的制定以各类研究资料和统计数据的广泛收集为基础，针对某一问题从分析具体事例入手。API 标准凭借准确翔实的数据资料、扎实深入的科学研究、可靠实用的技术实践而极具说服力。

90 多年来，API 一直引领着石油、天然气和石化设备和操作标准的发展。这些代表了该行业在从钻头到环境保护的所有方面的集体智慧，包括成熟、可靠的工程和操作实践，以及安全、可互换的设备和材料。API 维护着 700 多项标准和推荐做法。许多标准已被纳入州和联邦法规，也是国际监管界引用最广泛的标准。

API 标准包括生产类标准、炼制类标准、输送类标准，按照标准内容可分为石油设备设计及制造规范、石油设备使用及维护推荐方法和钻井及采油作业推荐方法。

在标准出版物类型方面，API 以标准（Std）、规范（Spec）、推荐规程（RP）和质量保证体系规范（Spec Q）为主，辅以技术报告（TR）、公报（Bul1）或公告（Pub1）、研究报告（Rs）、研讨论文（DP）和手册等多种形式出版物，这些出版物是 API 制定、修订标准的基础支持性和指导性文件。API 明确规定：“API 标准至少每 5 年进行 1 次复审和修订，重新认定和废止，必要时复审周期可以延长，但 1 次延长期最多 2 年。出版物自发布之日起 5 年后，不再作为 API 执行标准发生效力，被允许延长有效期时，则止于新版本发布日。”

3.1.6　API 参加 ISO 标准制定工作情况

ISO 和 API 实行联合工作计划，双方协商制定，按照双轨程序审议，标准等同采用。API 代表美国参加 ISO/TC67、TC28 的活动，API 为 ISO/TC67 标准工作项目提供了 60% 的工作基础。借助“二次采用（Adopt—back）”政策，任何 ISO 标准都可以附加 API 联合商标，越来越多地被 ISO 所采用，约 45 项 ISO/TC67 标准被 API 再采用。

API 也根据需要不断评估和修订其与 ISO 标准的政策。根据实际调研，由于 ISO 标准的制定周期较长，API 在评估与 ISO 双编号的政策时，以保证标准满足市场需要为目标，制定新的政策。

例如，API 5L 管线管标准是 API 最为重要的标准之一，API 于 1924 年发布的第一项标准就是《API 5 石油管材用钢管和铁管规范》，经过近一百年的发展，API 5L 已更新到 2018 年的第 46 版。最新版国际标准《ISO 3183：2019 石油天然气工业 管道输送系统用钢管》做成了《API Spec 5L：2018 管线管规范》（第 46 版）的补充件。所以，ISO 与 API 的新合作模式值得关注。

3.1.7　API 与 ASTM 开展标准化合作

API 标准涉及其他多个相关专业的技术内容，主要包括 ASTM、ASME、NACE、AISI 等，为了及时、有效适应其他专业标准更新升级，美国石油学会成立了专门的工作组，跟进相关协会标准动态，及时吸收最新标准技术成果。

API 与 ASTM 开展合作，推出 API/ASTM 一体化标准，与 ASTM D2 石油制品和润滑油技术委员会合作，成立 API/ASTM 石油表态测量联合委员会，5% 的 API 标准与 ASTM 联合出版。

API 还与 ASTM 开展标准开发工具和信息平台共享、标准文本共享，现在，API 标准通过 ASTM Compass 系统提供全文数据库服务。

3.2　美国机械工程师协会 ASME 及其标准

3.2.1　美国机械工程师协会 ASME

美国机械工程师协会 ASME（American Society of Mechanical Engineers）成立于 1881 年，是制定标准的组织，也是一个国际性组织，有来自 120 多个国家的 120 多万名会员，在全球 13 个地区设有 40 个分支机构，提供大量的包括机械工程、工艺、教育研究信息出版物，每年举办各种有关机械工程科学技术会议和讲座，重视基础性研究，开展与其他协会的合作，开展标准化活动，制定大量的工业和工业制造的规范和标准，是 ANSI 的五个发起单位之一，ASME 向机械工程企业和消费者提供多种服务，促进企业在国内外市场的竞争。ASME 的主要活动和提供的服务是：①标准：由于 ASME 是 ANSI 五大发起单位之一，ANSI 的主要机械类的标准主要是由 ASME 协助提出，大部分纳入美国国家标准中。②参加 ISO 活动：ASME 参加 ISO/TC185（过压保护安全装置）等十几个 ISO 标准化技术委员会的标准制定工作。③技术委员会：是 ASME 标准的核心，负责提供信息技术支持，确保会员使用现行标准的同时，随时了解最新的标准制定信息。④新闻摘要：ASME 的季度通讯，提供可以立即使用的即时、有用的信息。⑤机械工业和制造业的培训：使用现代技术提供培训。⑥ ASME 论坛，向用户提供新的 ASME 有关汽轮机、压力容器等标准信息。

3.2.2 ASME 的标准化技术委员会

ASME 最高管理机构为董事会，董事会下设规范和标准理事会（Council on Standards and Certification），理事会下设 10 个理事会（BOARD），包括核规范和标准、压力技术规范和标准，安全规范和标准、标准化和测试等，理事会下设委员会，委员会下设分委会，分委会下设工作组。

在压力技术规范与标准理事会中，与油气管道相关的委员会是“B31 压力管道标准规范委员会”（Code for Pressure Piping Standards Committee）。“B31 压力管道标准规范委员会”分为 14 个分委会，其中 B31.4 液体与浆体管道运输系统分委会规定了液体（原油、凝析油、液化天然气、液化石油气、二氧化碳、液体酒精、液体无水氨和液体石油产品及无危险材料的浆体）管道运输系统的设计、材料、建筑、装配、检验和测试的要求；B31.8 燃气输配管道系统分委会下设有编辑评估小组，设计、材料和施工小组，操作和维护小组，海上管道小组等；B31.12 是氢气管道和管线分委会；B31.3 是工艺管道分委会。分委会下设工作组，其组织结构详见表 22。

表 22　ASME B31 组织结构

编号	名称	
B31	执行委员会	Executive Committee
B31	制作与检验委员会	Fabrication and Examination Committee
B31	荣誉与奖励委员会	Honors & Awards Committee
B31	材料技术委员会	Materials Technical Committee
B31	机械技术委员会	Mechanical Technical Committee
B31	管道人员资格技术委员会	Qualification of Pipeline Personnel Technical Committee
B31.1	能源管道分委会	Power Piping Section Committee
	资源开发组 设计小组 制造和检验小组 通用要求小组	Resource Development Group Subgroup on Design Subgroup on Fabrication and Examination Subgroup on General Requirements

续表

编号	名称	
	材料小组 操作和维护小组 质量控制小组 特殊作业小组	Subgroup on Materials Subgroup on Operation and Maintenance Subgroup on Quality Control Subgroup on Special Assignments
B31.12	氢气管道和管线分委会	Hydrogen Piping and Pipelines Section Committee
B31.3	工艺管道分委会	Process Piping Section Committee
	印度国际工作组 国际审查组 工艺管道指导委员会 资源开发小组 设计小组 编辑小组 制造、检验和测试 通用要求小组 高压管道小组 高纯度管道小组 材料小组 非金属管道小组	India International Working Group（IWG） International Review Group（SG–N） Process Piping Steering Committee Resource Development Group Subgroup on Design（SG–B） Subgroup on Edit（SG–C） Subgroup on Fabrication，Examination and Testing（SG–E） Subgroup on General Requirements（SG–A） Subgroup on High Pressure Piping（SG–G） Subgroup on High Purity Piping（SG–H） Subgroup on Materials（SG–D） Subgroup on Non–Metallic Piping（SG–F）
B31.4	液体和浆体管道运输系统	Liquid and Slurry Piping Transportation Systems
	B31.4/B31.8 联合执行委员会	Joint Executive Committee
B31.5	制冷管道分委会	Refrigeration Piping Section Committee
B31.8	执行委员会	Executive Committee
B31.8	燃气输送和分输管道系统分委会	Gas Transmission and Distribution Piping Systems Section Committee
	印度国际工作小组 国际审查小组 设计、材料和施工小组 分配小组 编辑评估小组 海上管道小组 操作和维护小组	India International Working Group（IWG） International Review Group Subgroup on Design，Materials and Construction Subgroup on Distribution Subgroup on Editorial Review Subgroup on Offshore Pipelines Subgroup on Operation and Maintenance
B31.9	建筑物管道分委会	Building Services Piping Section Committee

目前，ASME 在中国成立了 9 个中国国际工作组 CIWG，名单如下：

CIWG Ⅱ（材料）

CIWG Ⅲ（核部件建造规则）

CIWG Ⅷ（压力容器建造规则）

CIWG Ⅺ（核部件在役检验）

CIWG OM（核电站运营与维护）

CIWG JCNRM（核风险管理）

CIWG NQA（核质量保证）

CIWG QME（核设施用机械设备鉴定）

CIWG A17（电梯和自动扶梯）

3.2.3 ASME 的标准制修订程序

（1）标准制修订流程

ASME 的主要活动和提供的服务是标准：由于 ASME 是 ANSI 五大发起单位之一，ANSI 的主要机械类的标准主要是由 ASME 协助提出，大部分纳入美国国家标准中。

ASME 规范与标准委员会下设 6 个标准制定监督委员会，标准制定监督委员会设有标准委员会，负责制定某一领域的标准。ASME 建立了规范的标准制定程序，任何个人或组织都可以提出制定标准的需求，提出人或技术组起草标准草案，按照规定程序进行审议与表决，经过投票委员会表决同意后向社会公布、征求意见。

ASME 标准制定程序具有公开、透明、利益均衡和过程适当的特点，得到了美国国家标准协会（ANSI）的认可。

（2）标准草案

标准起草可成立项目组，在标准起草阶段应将有关内容提交标准委员会委员进行审查投票，反馈意见由秘书汇总，项目组负责处理。如果涉及关键内容的修改，还应把修改稿再次提交标准委员会委员审查投票，对于不能解决的问题要说明原因，提交标准委员会处理。

（3）审查投票

ASME 标准草案的审查和投票周期为 2 周，投票表决方式有以下 2 种：

①会议表决：参加会议的标准委员会委员必须占半数以上，赞成票占 2/3 以上为通过。

②通讯表决：通过网络、电话、传真、电子邮件等方式投票，所有标准委员会委员都应投票，赞成票占 2/3 以上为通过。

如投反对票，需要说明理由，并附上对标准草案的修改建议，否则按赞成但有意见处理。投票终止后，秘书汇总意见，发给项目组处理，同时标准委员会委员也能得到意见汇总信息。项目组将每一条意见的处理情况进行说明，对于不能处理的意见要附上原因交给标准委员会。经标准委员会投票通过的标准草案报理事会审议表决。规范与标准制定委员会的所有会议均可免费参加，并且向普通公众开放。

3.2.4 ASME 标准分类

ASME 制定发布规范和标准近 600 项，涉及范围广泛，包括压力技术、发电厂、电梯、建筑设备、管道、核部件等。随着时间、法规、技术、经济需求等因素的变化，需要新的标准来确保安全性、可靠性和运行效率，ASME 未来标准领域涉及生物打印机、能源储存、绿色经济用氢、移动无人系统（MUS）、机械臂（机械手）、组织材料属性和词汇等。

ASME 标准按字母和数字分类，主要的标准分类示例如下：

ASME A112.X 系列：卫生器材、设备、设施

ASME A17.X 系类：升降机、自动电梯、自动扶梯

ASME B1.X 系列：螺纹

ASME B107.X 系列：五金工具

ASME B133.X 系列：燃气轮机

ASME B16.X 系列：阀门、法兰装配及垫圈

ASME B18.X 系列：螺栓、螺母、螺钉

ASME B29.X 系类：链条传动组件

ASME B30.X 系列：起重机

ASME B31.X 系列：压力管道

ASME B40.X 系列：压力表、温度计、限压阀、减震器

ASME B5.X 系列：机床

ASME B56.X 系列：工业用车辆

ASME B89.X 系列：测量用器材

ASME B94.X 系列：车床用刀具

ASME BPVC 系列：锅炉及压力容器

ASME MFC 系列：流体测量件

ASME N45.X 系列：核电厂质量保证

ASME PTC 系列：各种设备、装置的性能测试

ASME Q*.* 系列：资格、资质

ASME SI–* 系列：测量单位

ASME Y*.* 系列：制图

典型的 ASME 标准说明如下。

（1）ASME 性能测试规范（PTC）

ASME 性能测试规范制定了性能试验的规划、准备、执行以及报告的标准和程序。性能试验是一项工程评估，其结果可表明设备功能的执行效果。

性能测试规范来源于“动力试验规范”，强调了针对能量转换设备的试验。第一项 ASME 规范是发布于 1884 年的“锅炉试验标准”。如今，已经发布了近 50 项性能测试规范（PTC），涵盖了单独的零部件（蒸汽发电机、涡轮机、泵、压缩机等）、系统（燃气脱硫设备、燃料电池）和成套设备（联合发电厂）。除设备规范外，还包括对计量系统（温

度、压力、流量）仪器设备的增补以及多个规范的通用技术（不确定性分析）。PTC 通常由设备所有人、设备供应商以及测试工程师所采用。通过采用 PTC 测试结果，极大地加强了采购规范。

为了确保 ASME PTC 测试能够更好地服务于全球的工业，目前还对其他一些产品和服务进行了评估，在对能量转换和工业生产工艺、系统以及设备的标准化测试、监控和分析领域中，ASME 作为卓越的标准方法提供者，一直在不断开发和补充新的规范。

（2）ASME 锅炉和压力容器规范（BPVC）

ASME 锅炉和压力容器规范（BPVC）是一项对锅炉与压力容器的设计、制造和检验做出规定的标准。按照该标准设计和制造的压力部件，不仅具有使用寿命长的特点，而且能够保证生命和财产的安全。第一版于 1915 年出版，只有一本，共 114 页。如今，该规范已有 28 本，其中有 12 本专门针对核电站部件的建造和检验、2 本专门介绍规范案例。不论在规模上还是在参与标准制定的志愿者数量上，BPVC 都是最庞大的 ASME 标准。任何时候都有超过 800 名志愿者为一个或多个委员会服务。BPVC 的多个章节已经被加拿大所有省份和美国 50 个州中的 49 个州的法律所采用。在国际上，BPVC 已得到 60 多个国家的认可。

（3）ASME Y14.5 系列

ASME Y14.5“尺寸及公差规定”源于 20 世纪 50 年代，规定了工程制图的要求。近年来，该规定整合了如电子兼容系统等革新技术。其最初目的是描绘和定义机械部分的五金件并为标准制图实践建立一种通用的技术制图语言。它还可以看作是图纸上表现一个理想部件所必须包括的一个允许“公差”，作为与理想部件之间的偏差。这也说明了 Y14.5 尺寸和公差的重要性。该标准被指定为“国际公认标准”，是世界上大部分地区选用的标准。ASME Y14.5 主要说明了可描述零件“功能和关联”特征的几何尺寸及公差规定（GDT）语言。

3.2.5 ASME 参加 ISO 标准化活动情况

ASME 代表美国参加多个 ISO 标准化技术委员会的活动，包括：

TC178 WG8 电梯、自动扶梯和自动人行道——“电气要求”

TC1 螺纹

TC2 紧固件

TC5 黑色金属管道和金属配件

TC10 技术图纸、产品定义和相关文件

TC11 锅炉压力容器“BPV TOMC”

TC29 SC2 钻头、铰刀、铣刀和铣床配件

TC30 封闭管道中流体流量的测量

TC39 机械工具

TC96 起重机

TC153 阀门

TC185 过压保护安全装置

TC192 燃气轮机

TC213 产品尺寸和几何规格及验证

3.3 美国试验与材料协会 ASTM 及其标准

3.3.1 美国试验与材料协会 ASTM

美国试验与材料协会 ASTM（American Society for Testing and Materials）成立于 1898 年，是世界上最早、最大的非营利性标准制定组织之一，任务是制定材料、产品、系统和服务的特性和性能标准及促进有关知识的发展。ASTM 前身是国际试验材料协会（International Association for Testing Materials，IATM），IATM 首次会议于 1882 年在欧洲召开，会上组成了工作委员会，主要研究解决钢铁和其他材料的试验方法问题。1898 年 6 月 16 日，70 名 IATM 会员在美国费城集会，成立了国际试验材料协会美国分会。1902 年在国际试验材料协会分会第五届年会上，宣告美国分会正式独立，取名为美国试验材料学会（American Society for Testing Materials）。随着业务范围的不断扩大和发展，学会的工作不仅仅是研究和制定材料规范和试验方法标准，还包括各种材料、产品、系统、服务项目的特点和性能标准，以及试验方法、程序等标准。因此，1961 年，该组织又将其名称改为美国试验与材料协会 ASTM，一直沿用至今。100 多年以来，ASTM 满足了 100 多个领域的标准制定需求，已发布 12500 多项标准，会员 3 万多名，分别为来自 140 多个国家的生产者、用户、最终消费者、政府和学术代表。

3.3.2 ASTM 标准化技术委员会运行机制

ASTM 标准制定工作由技术委员会负责，技术委员会按照规定的规章进行标准起草、投票等。技术委员会由来自世界各国拥有专业特长、自愿参加 ASTM 标准制修订工作的会员组成，包括生产商、用户、最终产品消费者、政府及研究院等。技术委员会按不同专业领域建立，例如金属、涂料、塑料、纺织品、石油、建筑、航空、能源、环境。技术委员会下设分技术委员会，分技术委员会下设任务组，任务组负责具体标准的起草工作，标准起草工作结束后，任务组可能解散。目前，ASTM 有 149 个技术委员会，2200 余个分技术委员会，上千个任务组。ASTM 会员可以选择自己感兴趣的一个或者多个技术委员会参加其标准制定活动，包括提交新标准制定的建议、对制修订的标准进行投票和发表意见、起草标准等。目前，ASTM 会员是来自 115 个国家的技术专家，总数超过 30000 人。技术委员会每年召开两次会议，会员可以自由选择是否参加会议。

ASTM 员工为技术委员会标准制定工作的运行提供支持和服务。每个技术委员会配有两名 ASTM 员工，一名称为技术委员会员工经理，另一名称为编辑。ASTM 技术委员会员工经理和编辑不参加具体的标准制定活动，其职责是向技术委员会提供支持标准制定活动的服务。技术委员会员工经理的职责包括提供标准制定程序的解释说明，准备技术委员会会议资料，准备技术委员会远程电话会议和虚拟会议日程，准备和提供投票结果报告，向技术委员会官员和会员提供培训，通过与标准技术联络人的联系解决用户标准使用问题等；编辑的职责是跟踪标准制定进程的发展，确保标准草案按照规定的格式进行编写，目的是加快标准出版速度。

此外，ASTM 还专门设有会议部、技术委员会服务部等支持技术委员会的工作，会议部专门负责技术委员会会议会务的筹备、组织等工作，技术委员会服务部负责标准投票结果的汇总、统计等工作。

目前，ASTM 共设立 149 个标准化技术委员会，见表 23。

表 23 ASTM 技术委员会

	编号和英文名称	中文名称
	A	
1	A01 Steel，Stainless Steel and Related Alloys	钢铁、不锈钢及相关合金
2	A04 Iron Castings	铁铸件
3	A05 Metallic-Coated Iron and Steel Products	镀金属钢铁制品
4	A06 Magnetic Properties	磁性
	B	
5	B01 Electrical Conductors	电导体
6	B02 Nonferrous Metals and Alloys	有色金属和合金
7	B05 Copper and Copper Alloys	铜及铜合金
8	B07 Light Metals and Alloys	轻金属及合金
9	B08 Metallic and Inorganic Coatings	金属和无机涂层
10	B09 Metal Powder and Metal Powder Products	金属粉末及金属粉末制品
11	B10 Reactive and Refractory Metals and Alloys	活性和难熔金属及合金
12	BOD Board of Directors	理事会
	C	
13	C01 Cement	水泥

续表

	编号和英文名称	中文名称
14	C03 Chemical-Resistant Nonmetallic Materials	耐化学腐蚀的非金属材料
15	C04 Vitrified Clay Pipe	陶土管
16	C07 Lime and Limestone	石灰和石灰石
17	C08 Refractories	耐火材料
18	C09 Concrete and Concrete Aggregates	混凝土及混凝土骨料
19	C11 Gypsum and Related Building Materials and Systems	石膏及相关建材和系统
20	C12 Mortars and Grouts for Unit Masonry	块体砌筑用灰浆和水泥浆
21	C13 Concrete Pipe	混凝土管
22	C14 Glass and Glass Products	玻璃及玻璃制品
23	C15 Manufactured Masonry Units	预制砌块
24	C16 Thermal Insulation	绝热
25	C17 Fiber-Reinforced Cement Products	纤维增强水泥制品
26	C18 Dimension Stone	规格石料
27	C21 Ceramic Whitewares and Related Products	白色陶瓷器具和相关制品
28	C24 Building Seals and Sealants	建筑密封和密封剂
29	C26 Nuclear Fuel Cycle	核燃料
30	C27 Precast Concrete Products	预制混凝土制品
31	C28 Advanced Ceramics	高级陶瓷
	D	
32	D01 Paint and Related Coatings，Materials and Applications	油漆和相关涂层、材料和应用
33	D02 Petroleum Products，Liquid Fuels，and Lubricants	石油产品、液体燃料和润滑剂
34	D03 Gaseous Fuels	气体燃料
35	D04 Road and Paving Materials	道路和铺路材料
36	D05 Coal and Coke	煤和焦炭
37	D07 Wood	木材
38	D08 Roofing and Waterproofing	屋顶及防水
39	D09 Electrical and Electronic Insulating Materials	电子和电气绝缘材料
40	D10 Packaging	包装
41	D11 Rubber	橡胶
42	D12 Soaps and Other Detergents	肥皂及其他洗涤剂
43	D13 Textiles	纺织品
44	D14 Adhesives	黏合剂
45	D15 Engine Coolants	发动机冷却剂
46	D16 Aromatic Hydrocarbons and Related Chemicals	芳烃和有关化学制品

续表

	编号和英文名称	中文名称
47	D18 Soil and Rock	土壤及岩石
48	D19 Water	水
49	D20 Plastics	塑料
50	D21 Polishes	抛光剂
51	D22 Air Quality	空气质量
52	D24 Carbon Black	炭黑
53	D26 Halogenated Organic Solvents and Fire Extinguishing Agents	卤化有机溶剂和灭火剂
54	D27 Electrical Insulating Liquids and Gases	电绝缘用液体和气体
55	D28 Activated Carbon	活性炭
56	D30 Composite Materials	合成材料
57	D31 Leather	皮革
58	D32 Catalysts	催化剂
59	D33 Protective Coating and Lining Work for Power Generation Facilities	发电设备防护涂层和内衬
60	D34 Waste Management	废物管理
61	D35 Geosynthetics	土工合成材料
62	D36 Recoverd Carbon Black（rCB）	回收炭黑
63	D37 Cannabis	大麻
	E	
64	E01 Analytical Chemistry for Metals，Ores and Related Materials	金属、矿物及相关材料的分析化学
65	E04 Metallography	金相学
66	E05 Fire Standards	火灾标准
67	E06 Performance of Buildings	建筑物性能
68	E07 Nondestructive Testing	无损检测
69	E08 Fatigue and Fracture	疲劳和断裂
70	E10 Nuclear Technology and Applications	核技术和应用
71	E11 Quality and Statistics	质量和统计
72	E12 Color and Appearance	颜色和外观
73	E13 Molecular Spectroscopy and Chromatography	分子光谱法和色谱法
74	E17 Vehicle-Pavement Systems	车辆路面系统
75	E18 Sensory Evaluation of Materials and Products	材料和产品感官度评价
76	E20 Temperature Measurement	温度测量
77	E21 Space Simulation and Applications of Space Technology	空间模拟与空间技术应用

续表

	编号和英文名称	中文名称
78	E27 Hazard Potential of Chemicals	化学品的潜在危险
79	E28 Mechanical Testing	机械检测
80	E29 Particle and Spray Characterization	粒子和喷射特性
81	E30 Forensic Sciences	法医学
82	E31 Healthcare Informatics	保健信息学
83	E33 Building and Environmental Acoustics	建筑和环境声学
84	E34 Occupational Health and Safety	职业卫生安全
85	E35 Pesticides and Alternative Control Agents	杀虫剂和替代控制剂
86	E36 Conformity Assessment	合格评定
87	E37 Thermal Measurements	热测量
88	E41 Laboratory Apparatus	实验室设备
89	E42 Surface Analysis	表面分析
90	E43 SI Practice	SI 规程
91	E44 Solar，Geothermal and Other Alternative Energy Sources	太阳能、地热能和其他替代能源
92	E48 Bioenergy and Industrial Chemicals from Biomass	生物质能源与生物质工业化学品
93	E50 Environmental Assessment	环境评估
94	E52 Psychophysiology	心理生理学
95	E53 Property Management Systems	财产管理体系
96	E54 Homeland Security Applications	国土安全应用
97	E55 Pharmaceutical Application of Process Analytical Technology	制药业中过程分析技术的应用
98	E56 Nanotechnology	纳米技术
99	E57 3D Imaging Systems	3D 成像系统
100	E58 Forensic Engineering	法医工程学
101	E60 Sustainability	可持续性
102	E61 Radiation Processing	辐射加工
103	E62 Industrial Biotechnology and Synthetic Biology	工业生物技术和合成生物学
104	E63 Human Resource Management	人力资源管理
105	E64 Stormwater Control Measures	雨水控制措施
	F	
106	F01 Electronics	电子学
107	F02 Flexible Barrier Materials	柔性屏障材料
108	F03 Gaskets	垫圈
109	F04 Medical and Surgical Materials and Devices	医用及外科材料和设备

续表

	编号和英文名称	中文名称
110	F06 Resilient Floor Coverings	弹性地板覆盖物
111	F07 Aerospace and Aircraft	航空航天及飞行器
112	F08 Sports Equipment，Playing Surfaces，and Facilities	运动设备、比赛场地和设施
113	F09 Tires	轮胎
114	F10 Livestock，Meat，and Poultry Evaluation System	家畜、肉类和家禽评价体系
115	F11 Vacuum Cleaners	真空吸尘器
116	F12 Security Systems and Equipment	安全系统和设备
117	F13 Pedestrian/Walkway Safety and Footwear	行人 / 人行道安全和鞋具
118	F14 Fences	防护设施
119	F15 Consumer Products	消费品
120	F16 Fasteners	紧固件
121	F17 Plastic Piping Systems	塑料管系统
122	F18 Electrical Protective Equipment for Workers	工人防触电设备
123	F20 Hazardous Substances and Oil Spill Response	危险物质及油泄漏反应
124	F23 Protective Clothing	防护服
125	F24 Amusement Rides and Devices	游乐乘骑装置和设施
126	F25 Ships and Marine Technology	船舶及航海技术
127	F26 Food Service Equipment	食品服务设备
128	F27 Snow Skiing	滑雪
129	F30 Emergency Medical Services	紧急医疗服务
130	F32 Search and Rescue	搜寻和营救
131	F33 Detention and Correctional Facilities	阻拦和纠正设施
132	F34 Rolling Element Bearings	滚动轴承
133	F36 Technology and Underground Utilities	技术和地下公用设施
134	F37 Light Sport Aircraft	轻型运动飞机
135	F38 Unmanned Air Vehicle Systems	无人驾驶飞行器系统
136	F39 Aircraft Systems	飞机系统
137	F40 Declarable Substances in Materials	材料中的可申报物质
138	F41 Unmanned Maritime Vehicle Systems（UMVS）	无人驾驶海上车辆系统（UMVS）
139	F42 Additive Manufacturing Technologies	添加剂制造技术
140	F43 Language Services and Products	语言服务和产品
141	F44 General Aviation Aircraft	通用航空飞机
142	F45 Robotics，Automation，and Autonomous Systems	机器人、自动化和自治系统

续表

	编号和英文名称	中文名称
143	F46 Aerospace Personnel	航空航天人员
144	F48 Exoskeletons and Exosuits	外骨骼和外衣
	G	
145	G01 Corrosion of Metals	金属腐蚀
146	G02 Wear and Erosion	磨损和腐蚀
147	G03 Weathering and Durability	老化和耐用性
148	G04 Compatibility and Sensitivity of Materials in Oxygen Enriched Atmospheres	富氧环境中材料的兼容性和敏感性
	J	
149	J01 Joint ASTM/NACE Committee on Corrosion	ASTM/NACE 腐蚀联合委员会

3.3.3 ASTM 油气管道相关标准化技术委员会

油气管道涉及 D02 石油产品、液体燃料和润滑剂委员会和 D03 气体燃料委员会。

（1）D02 石油产品、液体燃料和润滑剂委员会

ASTM D02 委员会（石油产品、液体燃料和润滑剂委员会）于 1904 年成立，每年于 6 月份和 12 月份召开两次会议，约 1000 位委员参加为期 5 天的技术大会。该委员会由约 2500 位业内专业人士和专家组成，负责 814 项标准，这些标准在《ASTM 标准年鉴》中分 6 卷（05.01 卷、05.02 卷、05.03 卷、05.04 卷、05.05 卷和 05.06 卷）出版。这些标准在石油制品和润滑油各领域中一直发挥着重要作用。

ASTM D02 委员会主要在以下技术领域中传播知识，发布标准规范、分类、检测方法、规程、指南和术语：

——液体燃料来源：石油或煤、页岩、油砂或其他天然物质的液化；液化石油气（LPG）和其他压缩液化燃料；来自生物材料的液体燃料（“生物燃料”）；合成液体燃料（也称为可再生或替代燃料）和作为燃料或其成分的氧化物。此类液体燃料包括用于航空、汽车、燃烧器、柴油、燃气轮机和船舶服务的燃料。

——全部或部分由石油、化学合成物（比如酯油）或生物制品提炼的液态和半固体润滑油；

——全部或部分来自石油和非石油的润滑剂，包括合成材料（如酯类润滑油）、生物材料或天然（开采）材料；

——液压流体，无论其全部或部分来自石油或其他来源；

——化学和特殊用途的液态烃［包括液化石油气（LPG）和碳氢化合物混合物］，以及由此衍生的燃料产品；

——全部或部分来自石油液体的石油焦炭、冶金焦炭和工业沥青；

——矿脂和石油蜡；

——影响燃料、润滑剂和委员会范围内其他产品特性的添加剂和其他物质。

（2）D03 气体燃料委员会

ASTM D03 委员会（气体燃料委员会）成立于 1935 年，每年召开两次会议（6 月份和 12 月份），约 50 位委员参加为期 2 天的技术会议。该委员会由超过 208 位委员组成，目前负责 55 项标准，这些标准在《ASTM 标准年鉴》第 05.06 卷中出版。D03 委员会下设 7 个分技术委员会，由这些分技术委员会维护管理这些标准，这些标准已经并将继续在气体燃料（天然气）行业中发挥重要作用，并解决与气体燃料样品的收集和测量、气体燃料热值和相对密度的测定、气体燃料特殊成分的测定、气体燃料化学成分的分析以及热物理性质有关的问题。

3.3.4 ASTM 标准制定程序

ASTM 为技术委员会标准制定工作的顺利开展准备了相关技术文件。例如《ASTM 技术委员会官员手册》为技术委员会官员更好地理解其责任和职责，以及如何应用可能的资源来达到其目标提供了帮助；《ASTM 支持技术委员会运行的规程和政策手册》为负责技术委员会相关工作的 ASTM 员工提供了工作指南。这些技术文件均定期更新。

ASTM 标准制定程序以开放性为原则，任何对标准制定确有需要的个人，均可向 ASTM 总部提交书面申请。ASTM 的工作人员会对此意见进行研究，评估在这个领域制定标准是否有足够的必要性，检查其他机构是否有类似的标准制定活动，并判定这个活动与 ASTM 最佳的结合点。应该制定何种标准并不由 ASTM 的工作人员决定。ASTM 将确认和联系主要的利益相关者来确保该标准的范围符合产业和市场的要求，并保证利益各方能够共同参与这项计划。

如果最初研究显示所申请领域的标准化发展比较成熟，就可以对相关的 ASTM 技术委员会发布一项正式申请，要求其考虑建立一个新的工作组（task group）或者分技术委员会（subcommittee）。如果在该领域没有相关的技术委员会，则需要考虑建立一个新的技术委员会。

ASTM 技术委员会善于接纳新的提议并努力对市场的标准化需求做出快速反应。一旦正式批准由分技术委员会开始建立一项新的标准，将立刻组成一个工作组并开始着手制定一个新的标准草案。同时，要寻找适合的积极参与者来担任工作组的主席。

ASTM 网站提供了一系列标准制定电子工具和模板，以及电子投票系统（e-Voting tool），还能够进行交互式的、基于网络的审定与讨论程序。通过这些功能强大的电子工具的辅助，工作组成员和主席可以编写标准草案。标准草案完成后被转送给附属委员会的主席，他有权限就这个新标准的项目发起一个 ASTM 的正式投票。在技术委员会投票和协会审定期间，ASTM 的编辑部门要确保标准使用的是正确的格式，并正确地加注了标准通用标记语言（SGML）。

批准一项标准需要约 8 周的时间。标准一旦成功通过 ASTM 三个级别的审核（分技术委员会、技术委员会和协会），它将被指定一个固定的数字序号并得到一个官方批准日期，成为被认可的 ASTM 标准，并可以作为一个多种介质的文档进行发布（电子邮件、传真或者硬拷贝等），所有的 ASTM 标准都被收录到 81 卷 ASTM 标准年卷（ASTM Annual Book）中。ASTM 标准已被合同及法规团体引用，或者被州政府和地方政府颁布为相关法规。

在一项标准编写过程中，对该标准感兴趣的每个会员和任何热心的团体都有权充分发表意见，委员会对提出的意见都给予研究和处理，以吸收各方面的正确意见和建议。标准草案将经历详尽无遗的投票过程，在每一投票阶段，谨慎地注意少数人的意见，经过分技术委员会和技术委员会投票表决，在采纳大多数会员共同意见并由大多数会员投票赞成，标准才获批准，作为正式标准出版。标准制定时间一般在一年到两年，其进程完全取决于需求的紧迫性、工作的复杂性以及委员会投入工作的时间。具体流程详见图 1。

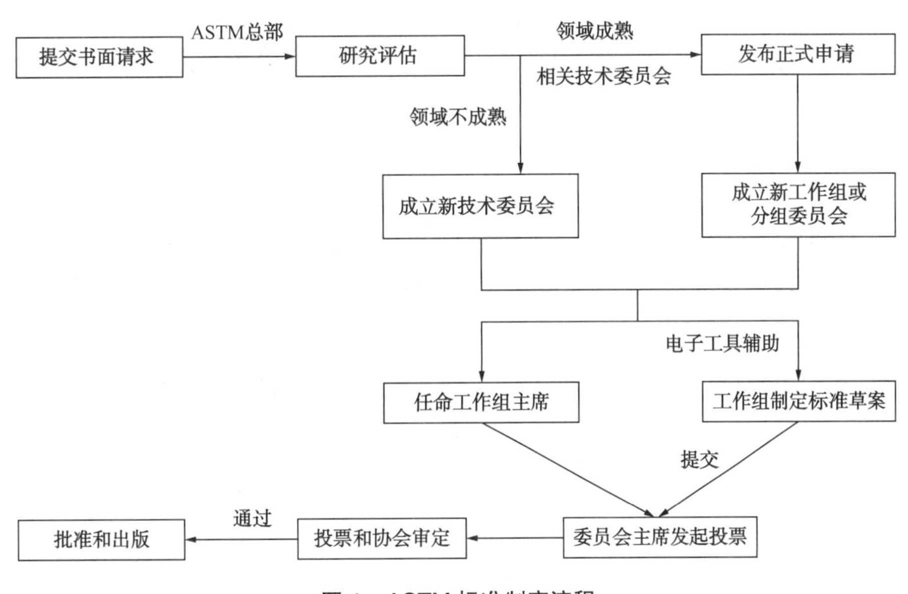

图 1 ASTM 标准制定流程

3.3.5 ASTM 标准类型

ASTM 共制定六种不同类型的标准，包括试验方法（test method）、标准规范（specification）、标准分类（classification）、标准规程（practice）、标准指南（guide）以及标准术语（terminology）。这些定义出自《ASTM 技术委员会管理规章》的条款。在《ASTM 标准的格式与类型》蓝皮书中，每个定义都附加了相关的详细说明。蓝皮书中还包括每类标准的详细信息、标准方面的法律问题，以及国际单位制的使用等问题。

尽管每类 ASTM 标准相互之间都有不同点，但这些标准都必须包括一些共同的不可或缺的部分，例如，每个标准都必须有题目名称、范围和关键词。

（1）试验方法（test method）

对产生试验结果的材料、产品、系统或服务的一个或多个性质、特征或性能进行辨别、测量和评估的一个确定的过程。

一项试验方法通常包括一项决定材料特性或组成的步骤有序的程序，以及一项材料或产品的集合。所有详细资料都是关于器械、测试样本、程序，以及需要达到的满意精度计算和包括在试验方法中的偏差。一项 ASTM 试验方法应该表现为一致性的最佳普遍可用测试程序，它应当是由经验与通过合作试验所获得的数据所支持的。

试验方法的例子包括（但不限于）：辨识、测量、一项或更多项的质量评估，特征或特性。在一项试验方法的结尾将公布该测试的精密度和偏差综述。除了作为所有标准中必需的强制部分外，意义与使用部分、危害部分（哪里可试用）、程序以及精度与偏差部分都是试验方法强制要求的部分。

在试验方法和标准规范之间做出区别有时候会出现一些问题。其实两者间的主要区别是测试结果方面：一项测试方法会产生一项测试结果，而一项标准规范则不会如此。

（2）标准规范（specification）

材料、产品、系统或服务满足一套要求的精确说明，也包括如何满足每项要求的确定程序。

ASTM 标准规范包括了很多种类型的主题。其中主要包括以下几种（但不限于）要求：物质、机械或化学特性，以及安全、质量或性能标准。一项规范被用来确认测试方法是否每项需求都是合乎要求的。

标准规范可以提供如下 3 种重要功能：推动购买行为、创造标准化，以及提供技术数据。一项规范能够提供所有这 3 项功能，因此当编写一个标准时，不要把这 3 项功能弄混淆也是非常重要的。

（3）标准分类（classification）

按照相同特性将材料、产品、系统或服务系统分组。

一项系统排列或者对材料、产品、系统的区分，或者为组织提供基于起源、成分、性质或者使用这些相似特性的服务。

由于每个 ASTM 委员会都是唯一的，这些由某个委员会编写的标准分类可能完全不同。但是所有 ASTM 标准分类的共通之处是在分类部分必须符合强制性的基本原理。这些是任何标准分类最重要的部分，它可以在分组被编制后设置相关的种类和范畴。

（4）标准规程（practice）

一组执行一个或多个不产生试验结果的特定操作的权威性指示。

在上面所讲的试验方法部分曾经指出，有时候关于标准规程和试验方法的差异会有些混淆。另外，标准规程和标准指南的差异也会出现一些问题。一般来说，标准规程和标准指南的区别是标准规程主要强调基本的使用原理，而一项标准指南是建议一种方法。一项标准指南意味着对执行特定工作的公认程序。

标准规程主要包括（但不限于）：应用、评估、处理、收集、净化、检查、安装、准备、采样和训练等。

（5）标准指南（guide）

不推荐特定行动过程的一系列选择或信息纲要。

一项标准指南可以建议一系列不推荐特定行动过程的选择或者指示。这种类型标准的目的是提供基于一致性观点的指导，但是不能确定一项标准规程在所有情况下都是符合的。当通过并发测试程序提供信息时，标准指南可以增加使用者在特定学科领域中对相关可用技术的了解。

（6）标准术语（terminology）

由术语定义、符号说明、缩写或首字母缩写等组成的一个文件。

在 ASTM 出版的所有类型标准中，标准术语是最多的含有自我说明的标准：它是一个关于定义、符号、缩写和首字母缩写的一个集合。

除了以上这六种类型标准外，ASTM 同时也出版一些临时标准，这在其规章中定义为“一项在限定时间内由协会为了某些特定需求而临时快速发行的文件，例如在遇到紧急情况，调整需求或者其他一些特殊情况时”。临时标准并不是完全的一致性文件，因为它们仅仅需要附属委员会的一致性同意就可以。在 ASTM 管理规章的第 14 部分提供了更多的关于临时标准的信息。

ASTM 标准按字母进行分类，其字母分类号和含义见表 24。

表 24 ASTM 标准分类

字母	含义
A	黑色金属
B	有色金属（铜、铝、粉末冶金材料、导线等）
C	水泥、陶瓷、混凝土与砖石材料
D	其他各种材料（石油产品、燃料、低强塑料等）
E	杂类（金属化学分析、耐火试验、无损试验、统计方法等）
F	特殊用途材料（电子材料、防震材料、医用外科材料等）
G	材料的腐蚀、变质与降级

3.4 美国材料性能与防护协会 AMPP

3.4.1 美国腐蚀工程师协会 NACE

美国腐蚀工程师协会 NACE（NACE International，the Corrosion Society）成立于 1943 年，

当时的创始人是11位管道行业的腐蚀工程师。现在，NACE是世界上最大的传播腐蚀知识的组织，其职责是提高公众对腐蚀控制和预防技术的认识。NACE有300多个技术协调委员会，主要工作包括调查、研究和介绍腐蚀技术的发展动态，设置共同的行业标准，为美国、加拿大和其他许多国家的会员和非会员提供各种各样的培训项目等。NACE实施会员制，会员可以享受一些培训课程和出版物的费用折扣；NACE每年召开1次年会，是世界上专业人员了解新产品、获得技术信息，与腐蚀专家建立联系的平台。NACE标准覆盖了腐蚀防控的各个领域，包括方法、设计和材料选择等研究热点。NACE标准是技术委员会为腐蚀预防和控制领域设定的非强制性指南。

3.4.2 材料性能与防护协会AMPP

2021年1月6日，一家全新的机构“材料性能与防护协会AMPP”（The Association for Materials Protection and Performance）宣布成立。AMPP由美国腐蚀工程师协会NACE与防护涂层协会SSPC（The Society for Protective Coatings）合并成立，其成立将为全球腐蚀控制和防护涂料行业带来统一信念、发出一致之声，其愿景是创造一个更安全、更受保护的、可持续发展的世界，AMPP将专注于材料防护和性能的未来。

AMPP是致力于腐蚀防护与控制和材料技术发展的全球性专业权威机构。在全球130个国家和地区，AMPP会员多达4万多人。通过全球会员的积极参与、专业培训及认证和资质认可、技术创新和全球化标准的制修订等，为在全球范围内保护基础设施和资产，为一个更安全、稳固、可持续发展的世界而发挥作用、贡献力量。

AMPP是全球最大的腐蚀和防护涂料专业人才社区，其会员致力于推动腐蚀防护与控制领域的技术和实操专业技能。AMPP为会员提供专业知识与行业资源，确保使用高性能的材料建立和维护可持续的基础设施。

3.4.3 AMPP技术委员会SC

AMPP标准化技术委员会SC为行业专业人士，无论其是否是AMPP的会员，都提供专业平台，促进专题知识分享，扩展专业技能与领域，为行业和技术的发展带来不可磨灭的影响。AMPP标准委员会负责制定、发布和维护需要共识流程的所有AMPP产品，包括标准、技术报告、指南和合格检验程序，内容涵盖表面处理、防护涂料施工、质量保证以及腐蚀预防与控制的方方面面。

AMPP设有300余个技术委员会，有超过2600名专业人士参与，包括终端用户、顾问公司、制造商、技师、研究员、科学家、技术员、军事机构以及政府部门等，技术委员会负责制定腐蚀相关标准，编制相关文献以及技术报告。虽是美国组织，但AMPP的会员遍布全球各地，与此同时，AMPP在全球各大洲设置分支机构，其东亚及太平洋地区办公室便设在了中国上海。

AMPP 技术委员会结构见图 2。

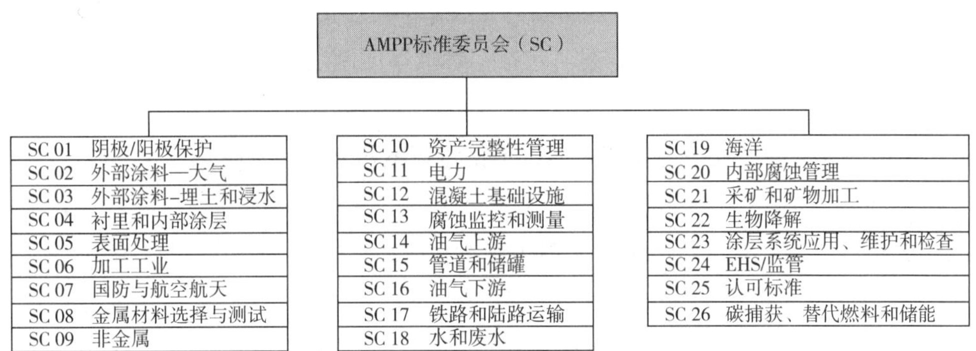

图 2　AMPP 标准委员会结构图

为了给北美以外的会员提供更好的标准和技术服务，呼应当地会员的需求，并协助当地会员参与 AMPP 的技术活动，AMPP 成立了技术专家委员会（STAG），其活动内容包括：①组织技术交流活动；②制定更适用于本地区的标准；③成立标准工作组，制定、修改或翻译已有 AMPP 标准；④与本地区的标准制定机构合作，制定联合标准。目前，已有 9 个技术专家委员会（STAG）获批在中国成立，包括中国石油、中国石化、中国船舶重工集团、中国腐蚀与防护学会、中国石油大学、北京科技大学在内的国内多个业内知名企业及学术机构已成为技术专家委员会的成员，见表 25。

表 25　AMPP 在中国成立的技术专家委员会（STAG）

编号	名称
STAG P70	化工流程行业技术专家委员会
STAG P71	阴极保护技术专家委员会
STAG P72	炼化防腐蚀技术专家委员会
STAG P73	承压设备行业技术专家委员会
STAG P74	海洋油气田腐蚀防护技术专家委员会
STAG P75	管道完整性管理技术专家委员会
STAG P78	非金属管道和容器技术专家委员会
STAG P79	石油和天然气工业材料与腐蚀控制技术专家委员会
STAG P80 VOC	减排和合规的保护涂装技术专家委员会

3.4.4 AMPP 标准制修订程序

AMPP 的文件《标准委员会运行手册》（Standards Committees Operating Manual）规定了 AMPP 的标准制修订程序，主要包括以下几个步骤。

（1）标准启动

AMPP 标准由 AMPP 的技术委员会 SC 在其范围内完成制定，标准的提案可来自会员、行业、监管机构等。技术委员会主席应与申请人和SC确定拟议新文件的范围，并确保行业需要该文件，并有兴趣帮助起草新标准。然后，SC主席应为新项目指定DPM（项目经理）。DPM应与SC合作准备标准草案。包括：标准草案制定、知识产权政策等。

（2）文件投票

在DPM认为文件已准备好发布之前，不得将草案移到投票阶段。

（3）标准文件状态

AMPP标准有两个基本状态类别，现行状态和取消状态。

（4）复审（每5年复审一次）

每个现行标准和指南要求5年复审1次，SC可以决定确认、修订等。SC应尽早开始复审文件，以便在5年内完成行动。

3.4.5 AMPP标准和NACE标准

AMPP自2021年1月成立后制定AMPP标准，之前的NACE标准仍然是有效并可以使用的，但可以预见，随着AMPP标准的逐步发展，NACE标准将逐渐减少。

AMPP制定、发布和维护需要共识流程的所有AMPP产品，其标准类别包括：标准流程（SP）、试验方法（TM）、技术报告（TR）、指南（Guide）和合格检验程序，内容涵盖表面处理、防护涂料施工、质量保证以及腐蚀预防与控制的方方面面。

截至2022年5月，AMPP已经发布9项标准，例如：AMPP SP21443-2021 Coating Systems（External）for Pipeline Trenchless Crossings［管道非开挖穿越的涂层系统（外部）］。

截至2022年5月，共有NACE标准1166项，标准的类别包括：标准规程（SP）、推荐操作规程（RP）、试验方法（TM）和材料要求（MR）等种类标准，例：NACE SP0208-2008 Internal Corrosion Direct Assessment Methodology for Liquid Petroleum Pipelines（液体石油管道的内部腐蚀直接评估方法）。

3.5 小结

本章对美国石油学会API、美国机械工程师协会ASME、美国试验与材料协会ASTM、美国材料性能与防护协会AMPP（美国腐蚀工程师协会NACE）等国外油气管道标准化现状进行了分析研究，涉及各国外标准化机构的总体情况、油气管道相关标准化技术委员会、标准制修订程序、标准类型、参与ISO国际标准化活动等内容。特别针对美国腐蚀工程师协会NACE并入成立美国材料性能与防护协会AMPP的情况和AMPP标准、NACE标准进行了分析研究。

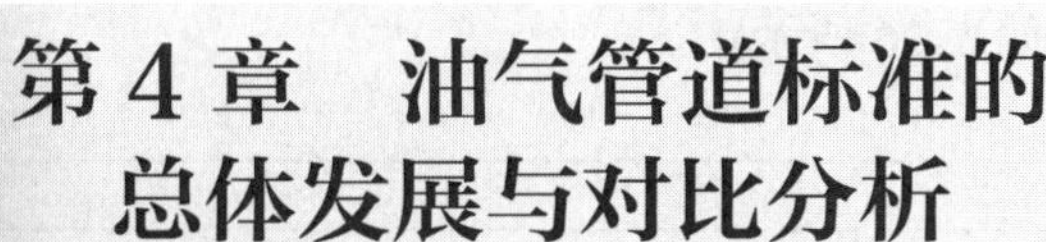
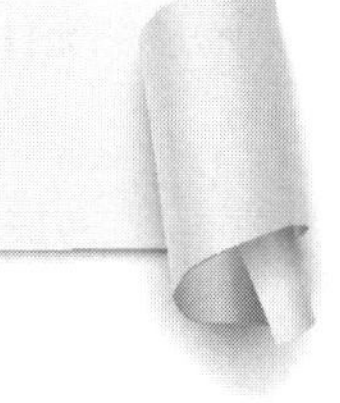

第 4 章 油气管道标准的总体发展与对比分析

油气管道标准数据包括 ISO、IEC、API、ASME、AMPP（NACE）、ASTM 共 6 个标准机构制定发布的标准，标准内容涵盖基础性、工程设计、工程材料、工程施工、运行、自动化、计量、节能、通信、测试、维抢修、腐蚀与防护、完整性管理、设备运行维护、职业健康与个人防护、安全、消防、环保等相关标准，本章对这些现行标准的总体情况进行分析。

4.1 标准数量的分布

对比分析各个标准制定机构的标准数量情况，可以先从数量上了解相互之间的异同。

6 个标准机构共发布 3883 项油气管道标准，各机构标准数量对比如图 3 所示。ISO 制定的标准最多（1282 项），ASTM（1007 项）次之，然后是 API（710 项）、IEC（634 项）、ASME（151 项）、NACE（98 项），另有 1 项 AMPP 的标准。

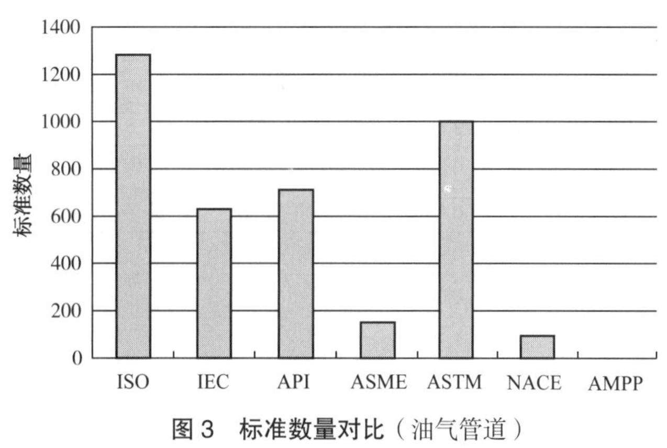

图 3 标准数量对比（油气管道）

4.2 标准的发布年代及对比分析

分析标准发布年代可以了解标准的年度制定数量情况，从而为分析标准的年度发展情况与标准的适用性提供依据。

4.2.1 标准的发布年代分布

对所有现行标准的发布年代进行统计分析，按年度统计标准数量，标准发布年代分布如图 4 所示，统计结果如表 26 所示。

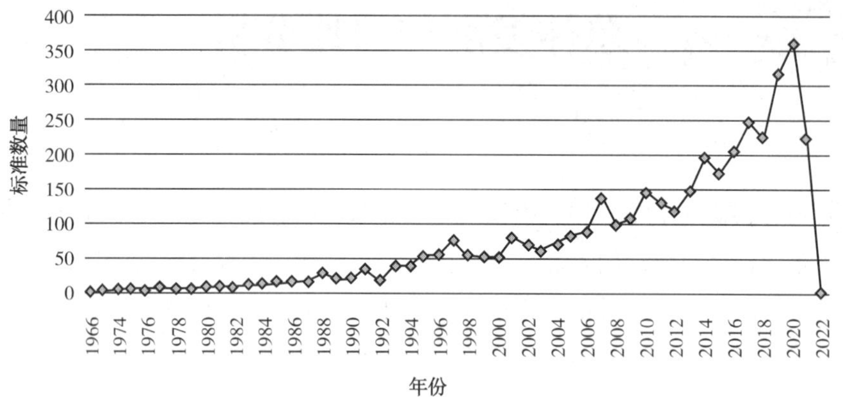

图 4 标准发布年代分布（油气管道）

由图 4 可以看出，现行标准的发布年代自 1966 年开始，迄今跨越 56 年。其中，在 20 世纪 90 年代之前发布的标准数量较少；从 1990 年以后标准数量开始增多，呈现上升趋势；到 2020 年达到最多，由于 2022 年数据量少，所以图上显示标准数量呈现下降趋势。

由表 26 可以看出具体的数据情况。1990 年及以前发布的标准有 166 项，占 4.28%。2020 年发布的标准数量为 359 项，占 9.25%。由此可以看出，大多数标准都是近 5 年来制定发布的。

表 26 年度标准数量（油气管道）

发布年份	数量	百分比	发布年份	数量	百分比
1990 年及以前	166	4.28%	2006	86	2.21%
1991	32	0.82%	2007	134	3.45%
1992	17	0.44%	2009	106	2.73%
1993	36	0.93%	2010	144	3.71%
1994	36	0.93%	2011	130	3.35%
1995	53	1.36%	2012	118	3.04%
1996	53	1.36%	2013	146	3.76%
1997	73	1.88%	2014	195	5.02%
1998	53	1.36%	2015	174	4.48%
1999	50	1.29%	2016	205	5.28%
2000	51	1.31%	2017	246	6.34%
2001	78	2.01%	2018	224	5.77%
2002	68	1.75%	2019	315	8.11%

续表

发布年份	数量	百分比	发布年份	数量	百分比
2003	61	1.57%	2020	359	9.25%
2004	68	1.76%	2021	222	5.72%
2005	83	2.14%	2022	1	0.02%
			总计	3883	100.00%

4.2.2 标准发布年代的对比分析

通过对标准发布年代的对比分析，可以了解标准制修订的及时性以及标准的适用性，为标准制定工作提供依据。

对 6 个标准制定机构所发布标准的年代进行了统计，各年度所发布的标准数量的统计结果见图 5，按比率的统计结果见图 6。比率指某机构在某一年度发布的标准数量与总数量的百分比。

从图 5 和图 6 的统计数据可以看出：

ASTM 标准 2010 年以来发展迅速，2020 年为制定标准的高峰（150 项），占本机构标准总量的 14.89%。

ISO 标准发展也较为迅速，尤其是 2014~2020 年，年均制定标准超过 75 项，仅 2020 年制定标准 111 项。

IEC 在 2019 年制定发布的标准最多，为 70 项，占标准总数的 11.04%，2017 年之后的其他几年，每年约制定发布标准 40 项左右。而 API 在 2017 年以来每年制定发布的标准数量比较平均，每年约 40 项左右。

ASME、NACE 每年发布的标准数量在几项到十几项不等，有些年份甚至没有发布任何标准，标准总量也较少。

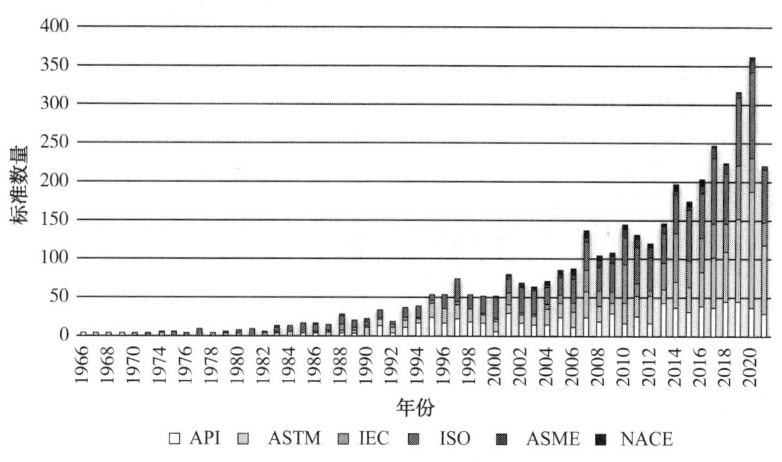

图 5 标准发布年代对比（油气管道，按数量）

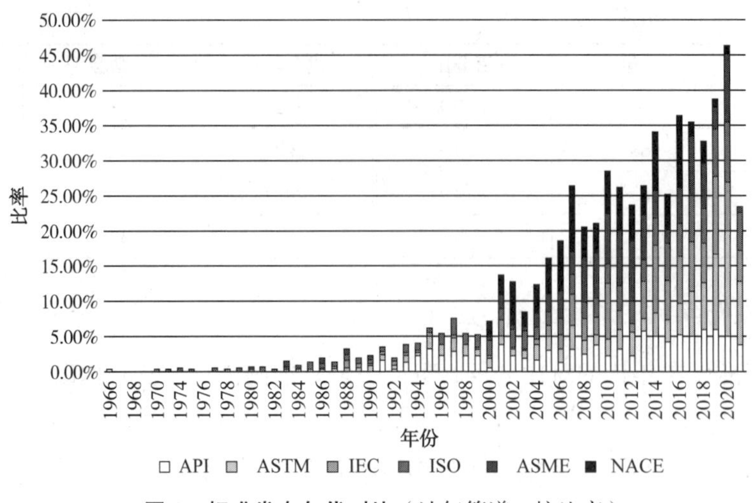

图 6 标准发布年代对比（油气管道，按比率）

4.3 标准的标龄及对比分析

分析标准的标龄可以了解标准的应用时间长短情况，从而为分析标准的适用性提供依据。

4.3.1 标准的标龄分布

标准的标龄指现行标准自发布至废止的时间长度，一般以年为单位计算。对所有现行标准的标龄进行计算和统计分析，标龄分布如图 7 所示。

由图 7 可以看出，标龄在 5 年之内的标准居多，共有 1367 项，占标准总数的 35.2%。标龄为 6~10 年的标准有 838 项，占标准总量的 21.58%。

从具体标准中，可以看到，标龄最长的标准为 56 年，是“API STD 2555—1966 油罐内液位的校准方法”。其次，是标龄为 50 年的“ISO 2445—1972 建筑接缝设计的基本原则”。

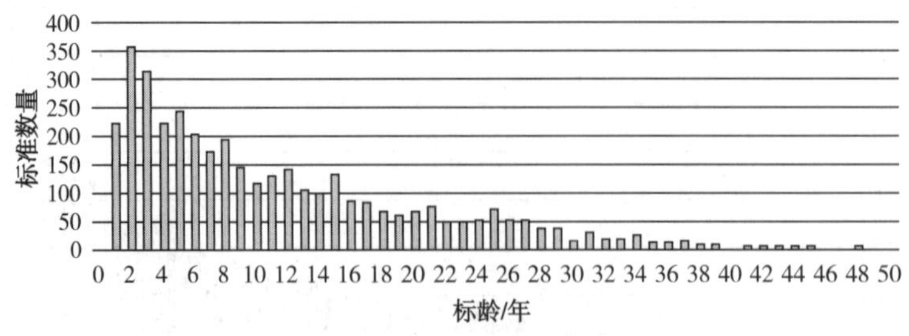

图 7 标准的标龄分布（油气管道）

4.3.2 标准标龄的对比分析

对各标准制定机构发布标准的标龄情况进行分别统计，按标准数量进行统计的对比如

图 8 所示，按比率进行统计的对比如图 9 所示。比率指年度标准数量在标准总量中的百分比。

从图 8 和图 9 可以看出：

标龄为 1 年的标准，ASTM 在数量上居第一位（92 项），ISO 次之（70 项）；从比率上看，也是 ASTM 比率最高（9.14%），ISO 次之（5.46%）。

标龄为 2 年的标准，ASTM 最多（150 项），ISO 次之（111 项）；从比率上看，ASTM 比率最高（14.89%），ASME 次之（9.93%）。

标龄为 1~5 年的标准，ASTM 最多（481 项），ISO 次之（420 项），IEC 再次之（225 项），NACE 只有 8 项。

标龄为 6~10 年的标准，ISO 最多（259 项），IEC 次之（183 项）。

从比率上看，API、IEC 标龄为 3 年的标准占本机构标准总量的比率最高，分别为 6.05%、11.04%；ASME、ASTM、ISO 标龄为 2 年的标准占本机构标准总量的比率最高，分别为 9.93%、14.89%、8.65%；NACE 标龄为 6 年的标准占本机构标准总量的比率最高（10.21%）。

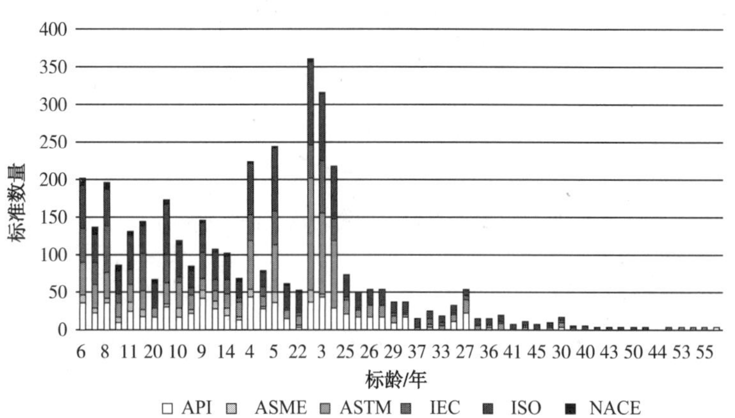

图 8 标准标龄对比（油气管道，按数量）

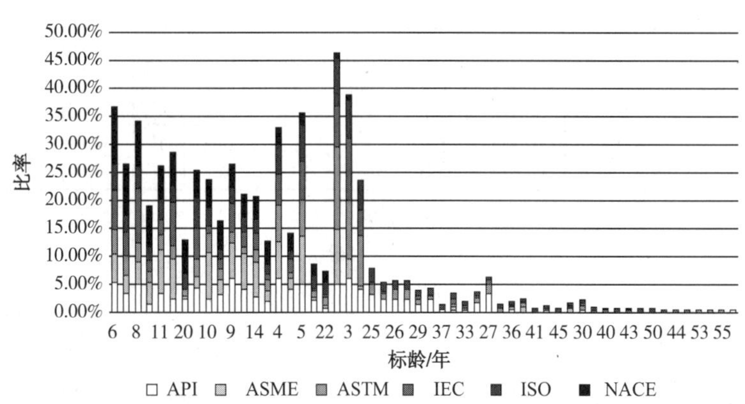

图 9 标准标龄对比（油气管道，按比率）

4.4 标准的制修订情况分析

标准分为制定与修订，制定指新制定发布的标准，修订指对原标准修改后重新发布的标准。通过对标准制修订情况的分析，可以了解新标准的制定与发布情况和已有标准的修订情况。

4.4.1 标准制修订数量

通过对所有现行标准是否有被代替标准的统计分析，在现行的3883项标准中，有1074项标准是新制定的标准，占标准总数的28%，修订标准有2809项，占标准总数的72%，如图10所示。

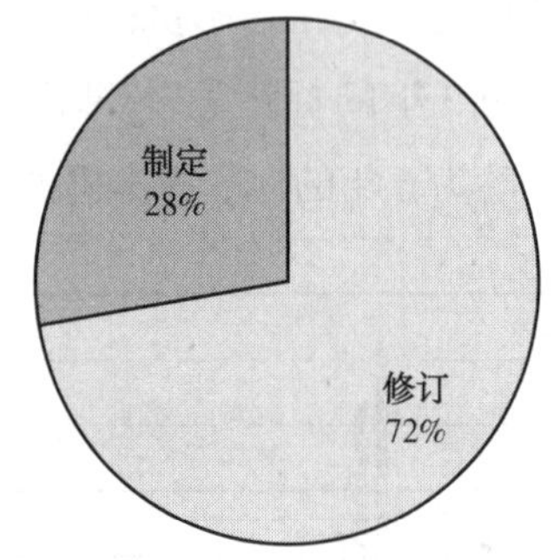

图10 标准制修订数量对比（油气管道）

4.4.2 年度标准制修订数量

为了解年度标准的制修订情况，对自2012年以来10年间每年的标准制修订情况进行了统计，统计结果见图11。

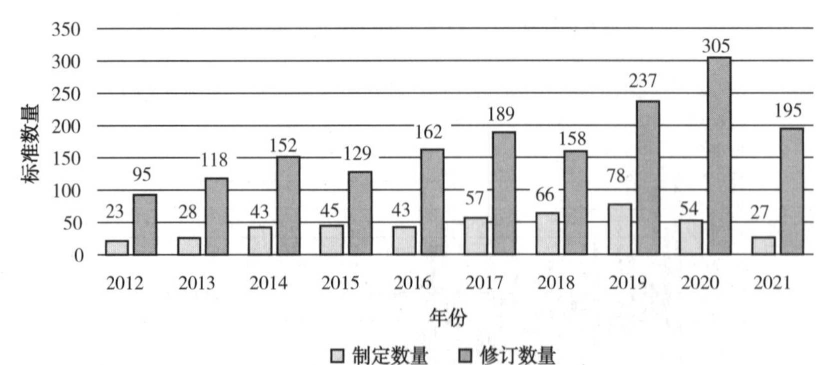

图11 2012年至2021年年度标准制修订数量对比（油气管道）

从图11可以看出，修订标准的数量均大于制定标准的数量，并且修订制定比都超过200%，说明对很多标准进行了更新。

4.5 标准的技术领域及对比分析

本书针对 6 个标准组织的标准进行分析，因此选择具有共性的技术领域至关重要。本书检索形成的标准库中的标准采用了国际标准分类法 ICS、中国标准分类法 CCS，因此，选择 ICS 分类法和 CCS 分类法作为标准技术领域分析的依据。

4.5.1 技术领域总体分布

由于本书选定的标准涉及领域较广，所以按照 CCS 大类分类统计各个技术领域的标准数量。

按 CCS 分类统计的结果如图 12 所示。具有 CCS 分类号的 3840 项标准中，共涉及 24 个大类标准，由于一个标准号可能对应多个 CCS 分类号，所以最终共筛出 4924 项标准号与 CCS 分类号的对应关系，标准数量排序前 10 位的技术领域如图 12 所示。

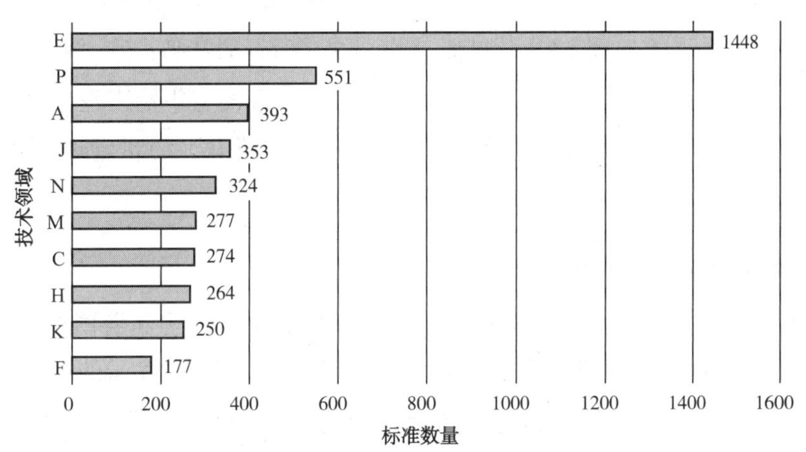

图 12 按 CCS 统计的标准数量排序前 10 位的技术领域（油气管道）

排序前 10 位的技术领域标准数量占具有 CCS 分类号标准总量的 87.55%，包括：① E 石油；② P 土木建筑；③ A 综合；④ J 机械；⑤ N 仪器、仪表；⑥ M 通信、广播；⑦ C 医药、卫生、劳动保护；⑧ H 冶金；⑨ K 电工；⑩ F 能源、核技术。

其中，E 石油的标准数量（1448 项）最多，标准比率（29.41%）最大；其次是 P 土木建筑，标准数量（551 项）仅次于 E 石油，标准比率为 11.19%；K 电工（250 项）与 F 能源、核技术（177 项）的标准数量最少，标准比率分别为 5.08% 和 3.59%。

4.5.2 石油类标准的技术领域分布

针对本书的研究重点，又对石油类标准的技术领域分布进行了详细统计分析。按照 CCS 石油类的二级类目进行统计分析的结果如图 13 所示。从图 13 可以看出：E30 石油产品综合类标准数量（251 项）最多；其次是 E98 油、气集输设备，标准数量 184 项；

E20 石油、天然气综合的标准数量（150 项）位居第三位。前述三个技术领域标准数量（585 项）占 E 石油类标准总量（1448 项）的 40.40%。

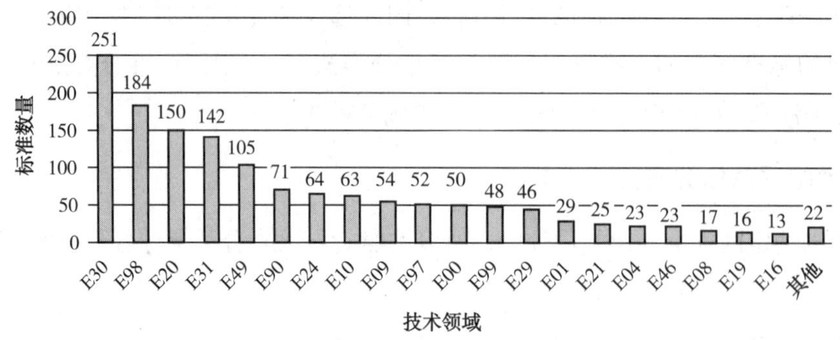

图 13　CCS 的 E 石油类标准分布（油气管道）

从图 13 可知，石油类标准中，每类标准数量在 50 个以上的共有 11 个技术领域，按数量多少排序，11 个技术领域依次是：① E30 石油产品综合；② E98 油、气集输设备；③ E20 石油、天然气综合；④ E31 燃料油；⑤ E49 其他石油产品；⑥ E90 石油勘探、开发、集输设备综合；⑦ E24 天然气；⑧ E10 石油勘探、开发与集输工程集合；⑨ E09 卫生、安全、劳动保护；⑩ E97 油、气处理设备；⑪E00 标准化、质量管理。这 11 个领域的标准数据总量为 1186 项，占石油类标准总量的 81.91%。

4.5.3　技术领域的总体对比分析

对比各标准组织在各个技术领域的标准制定情况，可以比较分析各国在技术领域上的不同，为合理制定标准提供依据。技术领域对比采用 ICS 进行技术领域的划分。

技术领域总体对比分析是比较分析各个标准机构在各个技术领域的标准分布情况，统计各个机构在各个技术领域的标准数量，按照 ICS 统计的结果如图 14 所示。

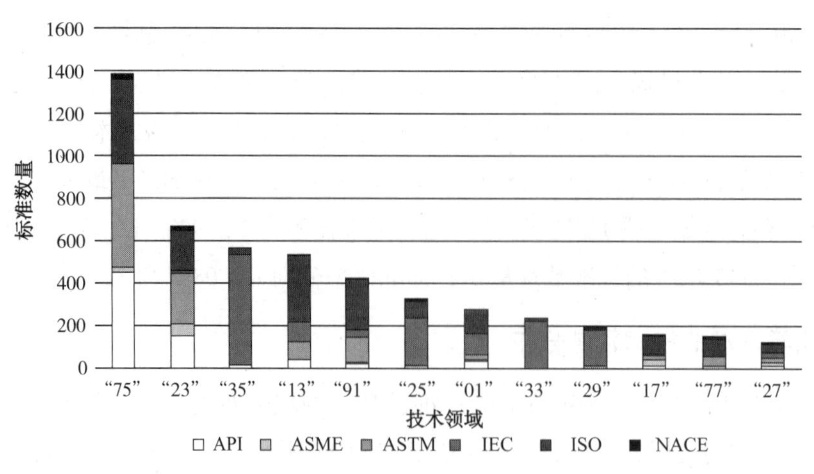

图 14　技术领域分布对比（油气管道）

从图 14 可见，IEC 主要集中在“35 信息技术、办公机械设备”“25 机械制造”“29 电气工程”“33 电信、音频和视频技术”，在其他方面相对较少。

“75 石油及相关技术”类的标准中，ASTM 最多（488 项），API 与其相近（448 项），ISO 再次之（398 项），其他都不多。

在“23 流体系统和通用件”领域，也是 ASTM、API 和 ISO 相比于其他的机构较多，分别为 238 项、150 项、187 项。

在“35 信息技术、办公机械设备”领域，标准数量多的是 IEC（525 项），其他机构都不多。

在“13 环保、保健与安全”领域，标准数量多的是 ISO（318 项），ASME 和 NACE 只有寥寥几项。

在“91 建筑材料和建筑物”领域，标准数量较多的是 ISO（232 项）和 ASTM（118 项），其他机构的数量都不是很多。

在“25 机械制造”领域，IEC 标准数量最多（226 项），其次是 ISO（76 项），其他机构只有几项。

在“01 综合、术语学、标准化、文献”，标准数量最多的是 IEC 和 ISO，分别为 113 项和 105 项，NACE 没有这一领域的标准。

在“33 电信、音频和视频技术”领域，IEC 数量最多（217 项），API、ASTM、ISO 只有几项，ASME 和 NACE 没有这个领域的标准。

在“29 电气工程”领域，同样是 IEC 最多，其他的机构都较少。

在“17 计量学和测量、物理现象”领域，ISO 最多，共 86 项，ASTM 和 ASME 差不多，分别为 24 项和 25 项，其他机构只有几项。

在“77 冶金”领域，ISO 和 ASTM 相对其他机构来说，数量较多，分别为 79 项和 45 项，IEC 没有这个领域的标准。

在“27 能源和热传导工程”领域，各个机构分布较为平均，除了 NACE 只有 4 项。

通过上述分析，可以看出，ISO、API、ASTM 涉及的范围较广，标准数量也较多；IEC 虽然标准数量也不少，但对领域的局限性较强；ASME 和 NACE 的标准数量较少，涉及的领域也较少。

各个专业标准制定机构均在各自专业范围内的标准最多，如 API 在石油类、IEC 在电子类。

4.5.4　石油类标准技术领域的对比分析

利用 ICS 对石油与相关技术类中的标准进行了细致的二级分类统计，以了解在石油领域中各个专业领域的标准分布情况，统计结果见图 15。

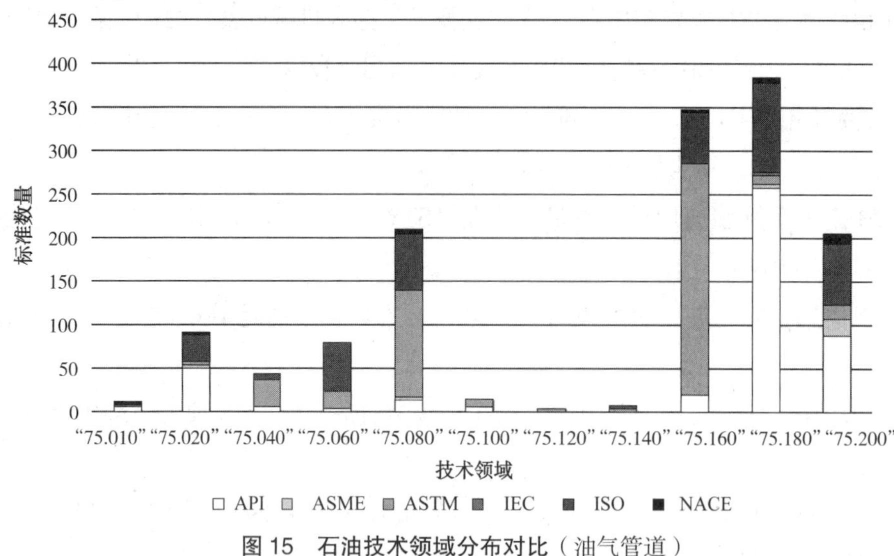

图 15 石油技术领域分布对比（油气管道）

从图 15 可以看出，在“75.180 石油天然气工业设备”领域的标准最多，其中，API 标准最多（259 项），ISO 次之（104 项），IEC 只有一项；75.160 是燃料领域，ASTM 标准最多（267 项），ISO 次之（59 项）；75.080 石油产品综合领域，ASTM 标准最多（124 项），ISO 次之（66 项）。75.200 是石油产品和天然气储运设备领域，API 最多（88 项），ISO 次之（71 项）。

4.6 技术领域的时序分布

分析技术领域时序分布的目的在于了解年度技术领域发展情况，年度标准制修订的重点是为全面分析标准化的发展情况提供依据。除利用上述所选择的 CCS 分类方法外，因为标准的关键词也反映了标准的主题分布情况，所以，也采用关键词作为标准技术领域时序分析的方法。

4.6.1 技术领域类别的时序分布

通过统计各年度 CCS 各类别标准的分布情况来分析技术领域类别的时序分布情况。本书研究的现行标准时间跨度为 1966~2021 年，按照 CCS 分类统计，数量排前 10 位的技术领域时序分布如图 16 所示。

从图 16 可以看出，20 世纪 80 年代以前，各领域的标准数量都比较少。90 年代以来，相关标准数量明显增多。其中发展更为迅猛的技术领域包括：① E 石油；② H 冶金；③ P 土木建筑；④ J 机械。

E 石油领域的标准数量最多，从年份分布上来看，这方面的标准数量呈现大幅增长的态势。从 1993 年开始，标准数量就一直维持在高位，共制修订标准 1401 项，年均约

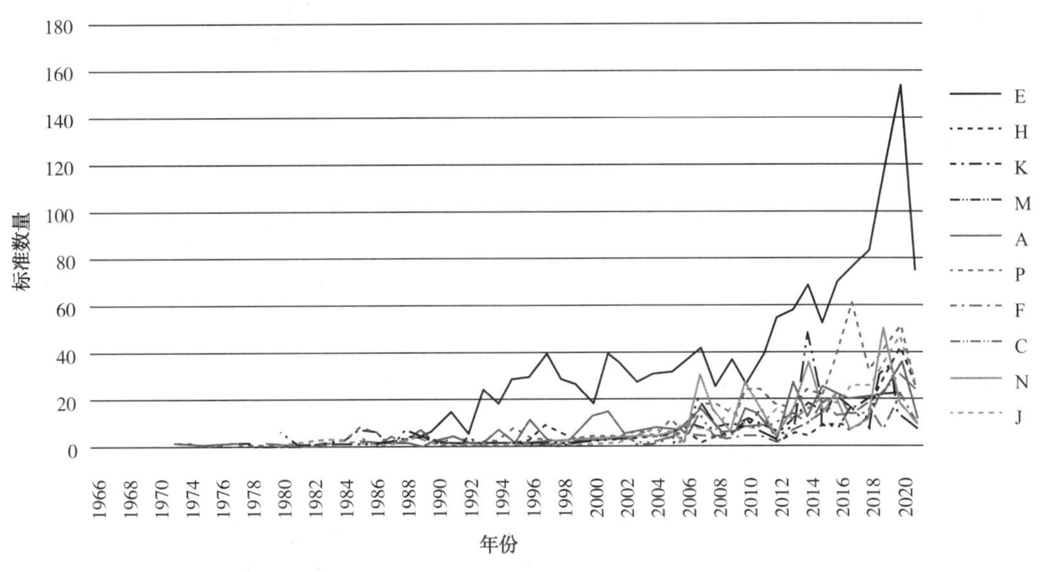

图 16　技术领域类别时序分布（油气管道）

制修订标准 48 项；自 2014 年增长迅速，2020 年是制定标准的高峰年，发布标准数量高达 153 项。

P 土木、建筑领域的标准总量位居第二位，自 20 世纪 70 年代初期以来该领域持续制定了相关标准；2001 年以来，标准数量持续走高，2011~2020 年共制修订标准 331 项，年均约制修订标准 33 项；2017 年发布标准（256 项）达到最高峰。

H 冶金领域，近五年标准数量稳步增长，该阶段制定的标准共 121 项。

J 机械领域，出现了若干制定标准的高峰年，其中 2012 年制定标准 16 项，2020 年制定标准 47 项。

4.6.2　技术领域主题的时序分布

标准数据库中所标引的关键词显示了该标准的主题，通过对关键词在各标准中出现的频率统计可以分析该主题的标准发展情况，通过对关键词在各年代出现的情况，可以统计分析各技术领域主题的时序分布。

图 17 显示的是词频在 250 以上的关键词在各年份的分布情况，从中可以体现技术领域主题的时序分布情况。

“测试（testing）”方面的标准越来越多，在 2020 年达到顶峰；与“建造施工（construction）”相关的标准也呈现几个发展高峰，分别是 2011 年、2017 年和 2020 年；石油（petroleum）方面的标准虽然每年增加的数量不多，但趋势十分稳定，所以数量也较多；同时测量（measurement）、环境（environment）、工艺控制（process control）和安全（safety）等几个方面的标准也呈现出不断增长的发展态势，基本都在 2019 年或 2020 年达到一个阶段发展的顶峰。

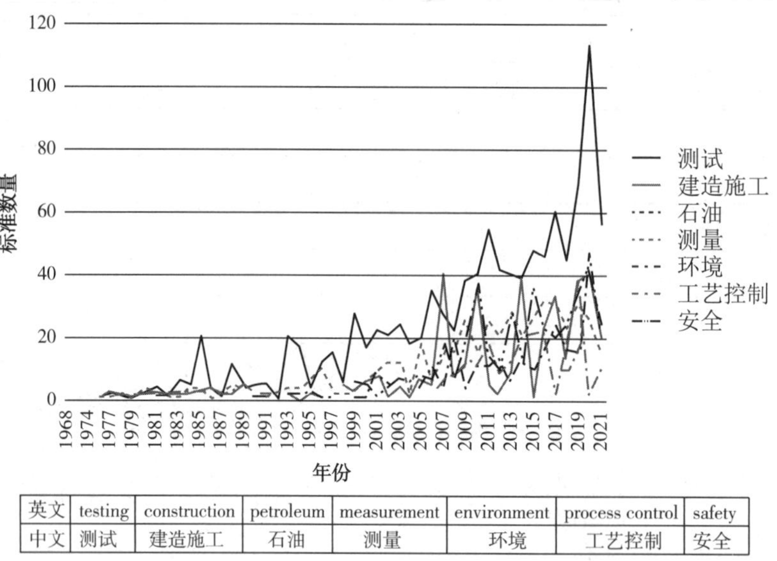

英文	testing	construction	petroleum	measurement	environment	process control	safety
中文	测试	建造施工	石油	测量	环境	工艺控制	安全

图 17　技术领域主题时序分布（油气管道）

4.7 小　结

本章采用文献计量学方法从多个维度对 ISO、IEC、API、ASME、AMPP（NACE）、ASTM 共 6 个标准机构制定发布的油气管道标准进行了总体发展情况分析和对比分析研究，分析维度包括标准数量、标准的发布年代、标准的标龄、标准的制修订情况、标准的技术领域分布和标准技术领域的时序分布等。通过分析和对比分析，从标准制修订及时性、标准总量与制修订数量、标准技术领域分布方面进行了分析总结。

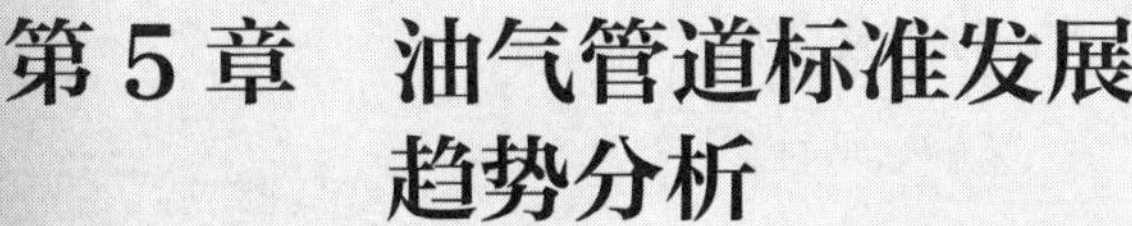

第 5 章　油气管道标准发展趋势分析

本章将重点采用内容分析法来分析油气管道标准的发展趋势。分析从几个层面展开，首先是通过分析所有现行标准的主题分布情况来分析油气管道标准的总体发展趋势；其次是通过分析 3 年内新制定标准的主题分布情况来分析新发展的标准发展趋势；再次是通过分析修订周期 5 年内的现行标准主题分布情况来分析持续发展的标准发展趋势；最后是通过分析标龄在 20 年以上的标准主题分布情况来分析稳定发展的标准发展趋势。

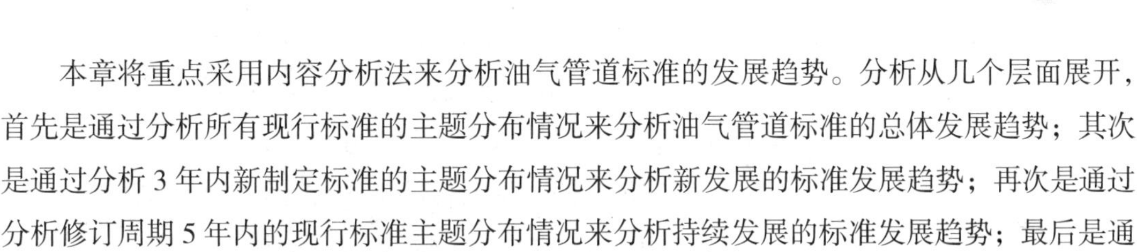

5.1 总体发展趋势

本项分析依据的标准数据是所有的现行标准，通过对所有现行标准的主题词进行拆分、处理来分析油气管道标准的总体发展趋势。

选择 50 个高频词生成图 18 所示的油气管道技术领域发展图。从图 18 可以看出，油气管道标准呈现以下总体发展趋势：

①传统与现代并行发展，传统的测试（testing）、环境（environment）、安全（safety）、工艺控制（process control）等重点领域，现代的通信（communication）、信息交换（information interchange）、数字化（digital）、数据处理（data processing）等重点领域，呈现两个发展集群。

②工艺控制与数字化、电子工程、通信、信息交换、控制系统等标准关系密切，相互协调发展。

③测量（measurement）与测试（testing）是标准发展的重点领域，且二者有紧密的联系，也就是说，油气管道各项标准的测量和检测或试验方面的标准是发展的热点。

④设计（design）、环境（environment）、建造施工（construction）、石油（petroleum）、天然气（natural gas）、通信（communication）、建筑（building）、质量（quality）是比较重要的发展领域。设计与建造施工、建筑关系紧密。通信与信息处理、电子工程、数据处理、数字化等都关系密切。

⑤天然气（natural gas）和石油（petroleum）存在较强的关系，同时二者又与管道的

其他领域关系密切，天然气和石油是管道标准制定的关键领域。

⑥安全要求方面的标准也是相对热点的领域，主要与电子工程、职业安全、建造施工、防护服、标志等相关，这说明管道电气安全、建筑施工安全、安全标志、职业健康和人员安全防护是比较重要的标准化领域。

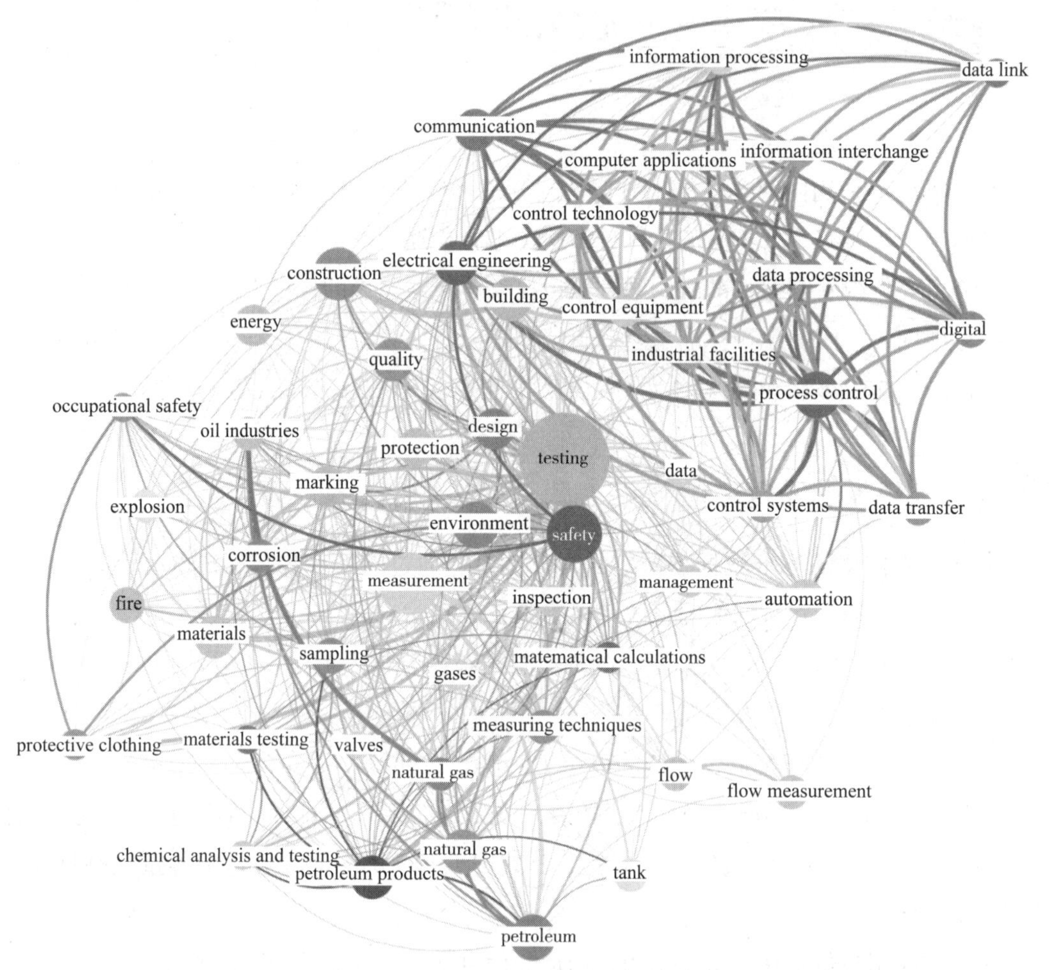

英文	testing	environment	safety	process control	measurement	design
中文	测试	环境	安全	工艺控制	测量	设计
英文	communication	information interchange	digital	data processing	natural gas	petroleum
中文	通信	信息交换	数字化	数据处理	天然气	石油

图 18　标准的总体发展趋势（油气管道）

5.2 新发展的标准发展趋势

本项分析依据的是 3 年内新制定的标准，数据筛选的条件是 2019 年以后发布且被代替标准数据项没有数据的标准，通过对这些标准的主题词进行拆分、处理来分析油气管道新发展的标准技术领域。

5.2.1 新制定标准的总体情况

通过数据检索与筛选，3 年内共新制定标准 158 项，各个标准制定机构 3 年内新制定标准的数量如表 27 所示。

表 27 各标准机构新制定标准的标龄与数量（油气管道）

标准机构	标龄 1 年	标龄 2 年	标龄 3 年
API	15	14	20
ASTM	4	20	11
IEC	1	11	12
ISO	6	7	35
ASME		2	
总计	26	54	78

总体来说，标龄为 3 年的标准最多，标龄为 1 年的标准最少。对于各个标准机构而言，API 3 年内新制定标准的数量最多（49 项），其次是 ISO（48 项），制定新标准最少的机构是 ASME（2 项）。

5.2.2 新发展的标准发展趋势

通过第 1 章第 1.2.3 节所述内容分析法对所有新标准的主题词进行处理后，选择 50 个高频词，生成新发展的标准技术领域图，如图 19 所示。从图 19 可以看出，油气管道新发展的标准技术涉及领域非常广泛，如，存储、管理、质量、测量、测试等，但主要还是与天然气相关。新技术呈现出“集群式”态势，标准的新技术主要云集在以下领域：

①天然气、管理和测量是新标准的重点领域；

②天然气相关领域最多，包括了石油、测试、风险、管理、质量、安全、建造施工等，其中与石油、管理、安全、建造施工的关系最为密切，其中安全也包括了健康防护等；

③管理方面的标准包括了完整性管理、管理系统、数据等；

④测量相关领域包括：流体测量、存储、通信等；

⑤能源方面的标准包括了设计、建造施工、管理等。

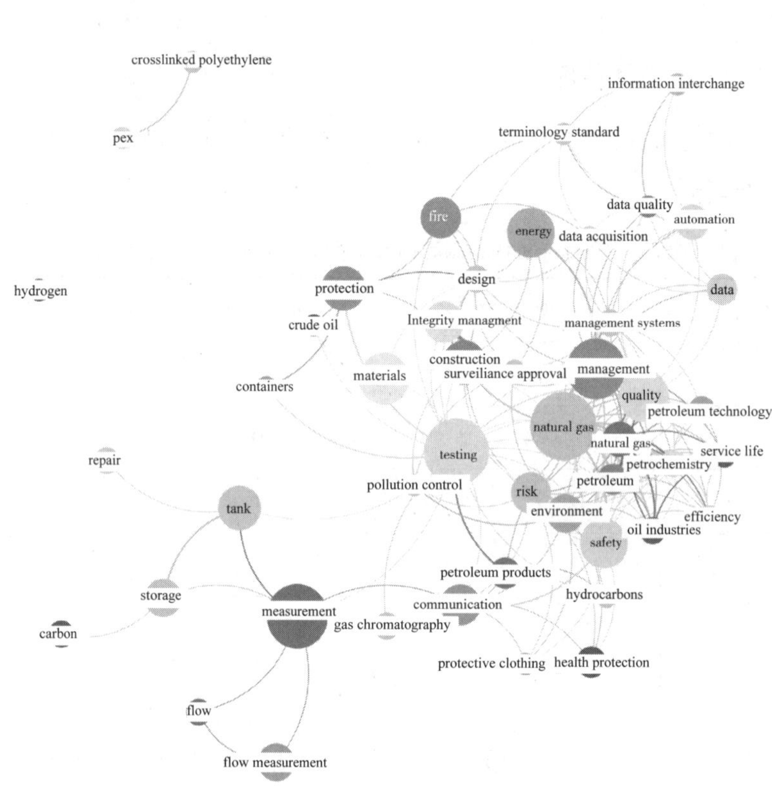

英文	natural gas	management	measurement	petroleum	testing	safety
中文	天然气	管理	测量	石油	测试	安全
英文	integrity management	management systems	energy	flow measurement	automation	health protection
中文	完整性管理	管理系统	能源	流体测量	自动化	健康防护

图 19　新发展的标准发展趋势（油气管道）

除上述领域之外，测量、保护等方面也零星出现了一些新标准，与其他的领域几乎没有关系。

5.3 持续发展的标准发展趋势

本项分析依据的是修订周期小于 5 年（含 5 年）的现行标准，数据筛选的条件是提取被代替标准（A462）数据项有数据的标准后，对被代替标准数据项中的标准进行拆分，计算现行标准与被代替标准的时间差，将时间差小于等于 5 的标准筛选出来，通过对这些标准的主题词进行拆分、处理来分析油气管道持续发展的标准技术领域。

5.3.1 修订周期为 5 年的标准的总体情况

通过数据检索与筛选，修订周期在 1~5 年的现行标准共 1266 项，各个标准制定机构修订周期在 5 年内的标准数量统计如表 28 所示。

表 28 修订周期 5 年内的标准数量统计（油气管道）

标准机构	ISO	IEC	API	ASTM	ASME	NACE	总计
数量	464	203	64	483	49	3	1266

总体来说，按标准制定周期在 5 年内的标准数量排序，ASTM 最多（483 项），其次是 ISO（464 项），排名第三的是 IEC（203 项），数量最少的是 NACE（3 项）。

5.3.2 持续发展的标准发展趋势

通过第 1.2.3 节所述方法对所有修订周期为 5 年的标准的主题词进行处理后，选择 50 个高频词，生成持续发展的标准技术领域图，如图 20 所示。

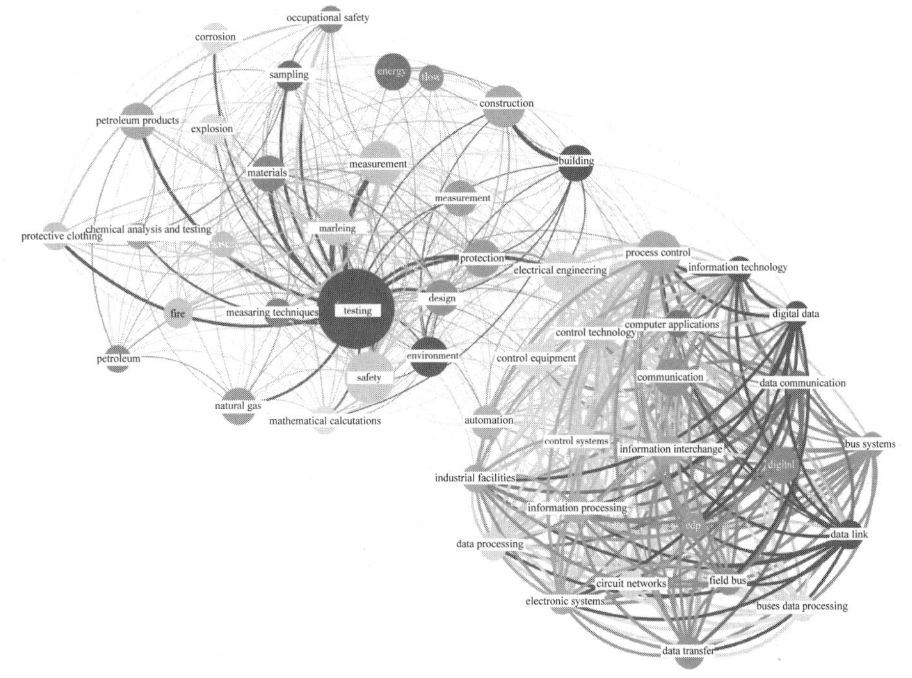

英文	testing	safety	design	environment	marking	quality
中文	测试	安全	设计	环境	标志	质量
英文	process control	automation	communication	control systems	data processing	computer systems
中文	工艺控制	自动化	通信	控制系统	数据处理	控制设备

图 20 持续发展的标准发展趋势（油气管道）

从图 20 可以看出，持续更新的标准主要集中在两大领域，一是测试，主要与安全、设计、标志、环境等有关；二是工艺控制，包括自动化、通信、控制系统、数据处理、计算机系统、信息化技术、控制设备等。

可见，前文现行标准主题领域中的测试、工艺控制都有一些标准在持续地修订，反映出这些领域较多地采用了新技术来持续提升标准化水平。

5.4 稳定发展的标准发展趋势

本项分析依据的是标龄为 20 年以上的现行标准，数据筛选的条件是提取发布年代在 2002 年以及 2002 年以前的标准，通过对这些标准的主题词进行拆分、处理来分析油气管道持续发展的标准技术领域。

5.4.1 标龄 20 年标准的总体情况

通过数据检索与筛选，标龄 20 年以上的标准共 778 项，各个标准制定机构标龄为 20 年以上的标准数量以及标准比率如表 29 所示。

表 29 标龄 20 年以上的标准数量与比率（油气管道）

标准机构	标准总数	标龄 20 年以上的标准数量	比率 /%
API	710	195	27.46
ASME	151	9	5.96
ASTM	1007	183	18.17
IEC	634	65	10.25
ISO	1282	315	24.57
NACE	98	11	11.22
AMPP	1	0	0
总计	3883	778	20.04

总体来说，标龄在 20 年以上的标准占标准总数的 20.04%，其中比率最高的是 API（27.46%），其次是 ISO（24.57%），第 3 是 ASTM（18.17%）。

5.4.2 稳定发展的标准技术领域

通过第 1.2.3 节所述方法对所有标龄为 20 年以上的标准的主题词进行处理后，选择 50 个高频词，生成稳定发展的标准技术领域图，如图 21 所示。从图 21 可以看出，形成了以测试为中心，相关领域稳定发展的态势。同时还有几个小的集群，比如流量、化学分析测试、工程等具体领域的标准发展稳定；与测量相关的测量技术、测量设备、电子工程等具体领域的标准发展稳定；与石油制品相关的检测、测量标准、天然气、气体分析、汽油标准发展稳定。

总体来说，稳定发展的标准技术领域较为广泛，每个领域都有与其相关性较强的标准。

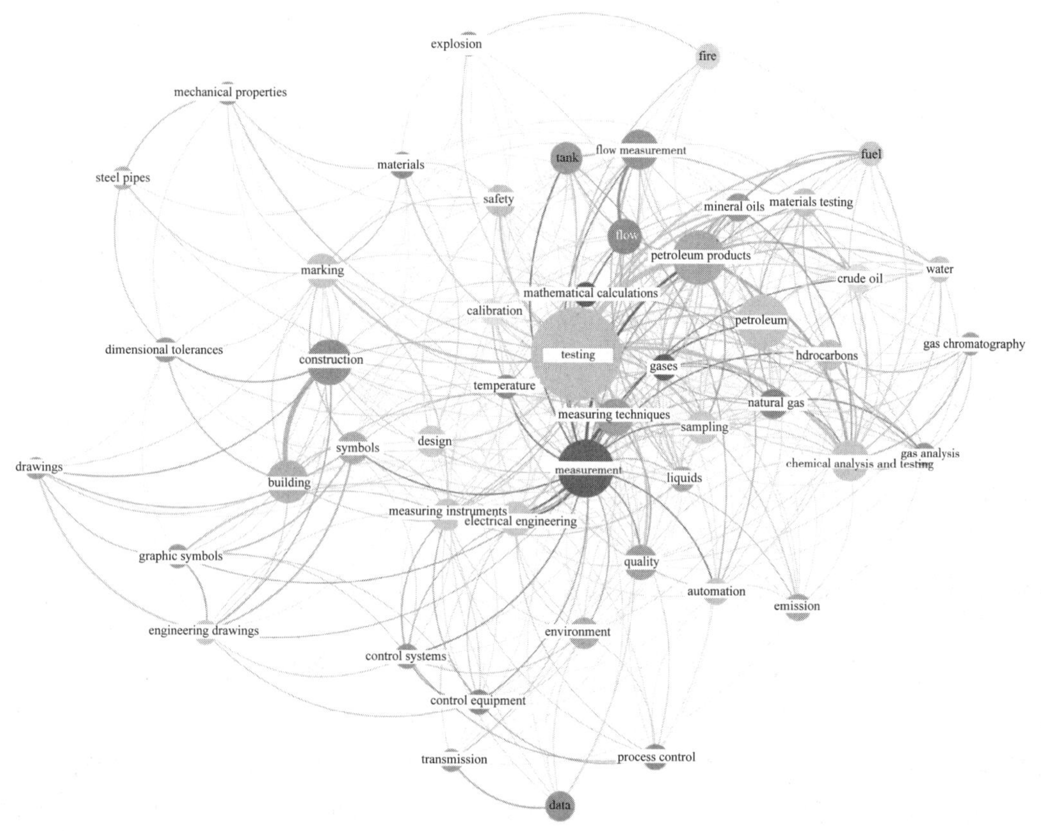

英文	testing	measurement	petroleum	flow measurement	chemical analysis and testing	gas analysis
中文	测试	测量	石油	流体测量	化学分析和测试	气体分析

图 21 稳定发展的标准技术领域（油气管道）

5.5 小 结

本章采用词频统计分析方法和共词分析方法这两种基本的内容分析方法对油气管道标准的热点及发展趋势进行分析研究，分析了新制定标准、修订周期为 5 年的标准、标龄 20 年以上标准的总体情况以及油气管道标准的总体发展趋势、新发展的标准发展趋势、持续发展的标准发展趋势、稳定发展的标准发展趋势，对标准热点进行了分析总结。

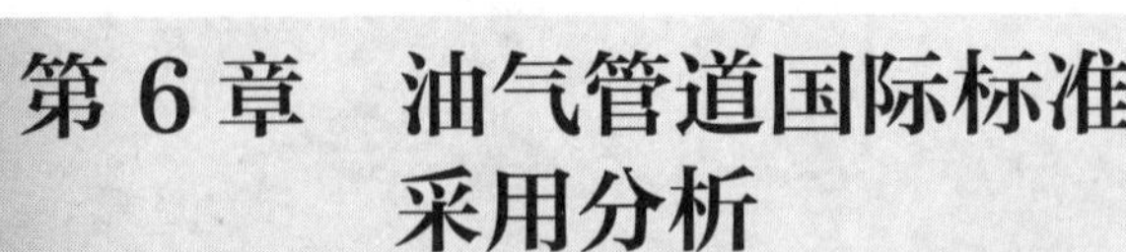

第 6 章　油气管道国际标准采用分析

采用国际标准是各国标准化工作的一项重要内容，是扩大贸易、避免技术性贸易壁垒的一项重要措施。ISO、IEC 等国际标准组织鼓励成员国将国际标准采用为国家标准。我国也鼓励积极采用国际标准与国外先进标准。本章针对采用国际标准和各专业标准机构之间标准相互采用情况进行比较与分析。

6.1 采用国际标准的对比分析

采用国际标准是指各标准化机构采用 ISO、IEC 所发布的标准情况，对比分析各个国家对 ISO、IEC 标准的采用情况。现行的国际标准采用程度包括：IDT 等同采用、MOD 修改采用、NEQ 非等效采用。本书选择中国国家标准 GB、美国国家标准 ANSI、英国国家标准 BS、德国国家标准 DIN、法国国家标准 NF、俄罗斯国家标准 GOST、日本工业标准 JIS、韩国国家标准 KS 进行采用国际标准的分析。

6.1.1　采标率

ISO 和 IEC 涉及油气管道相关的标准共 1916 项，按各国标准采用 ISO 和 IEC 标准的总数量进行采标率的分析。在各个国家的采标标准中，按“等同采用 IDT”“修改采用 MOD”“非等效采用 NEQ”来分别计算各种采用程度的标准在总采标标准中的比例。各国标准采用 ISO、IEC 标准的采标率统计结果见表 30。

表 30　采用国际标准 ISO、IEC 的采标率统计表（油气管道）

采标标准	采标率			采用程度					
				IDT		MOD		NEQ	
	ISO 与 IEC 总数量	数量	比率 /%	数量	比例 /%	数量	比例 /%	数量	比例 /%
GB	1916	332	17.33	191	57.53	113	34.04	28	8.43
ANSI		73	3.81	52	71.23	21	28.77	0	0.00
BS		1259	65.71	1219	96.82	13	1.03	27	2.14

续表

采标标准	采标率			采用程度					
				IDT		MOD		NEQ	
	ISO 与 IEC 总数量	数量	比率 /%	数量	比例 /%	数量	比例 /%	数量	比例 /%
DIN	1916	915	47.76	822	89.84	88	9.62	5	0.55
NF		928	48.43	895	96.44	12	1.29	21	2.26
GOST		261	13.62	261	100	0	0	0	0.00
JIS		242	12.63	82	33.88	152	62.81	8	3.31
KS		474	24.74	461	97.26	9	1.90	4	0.84

从总体来看，英国 BS 的采标率最高，为 65.71%；法国 NF 和德国 DIN 的采标率比较接近，排在第二位和第三位，分别为 48.43%、47.76%；美国 ANSI 采用国际标准的比率最少，仅仅有 3.81%。中国、日本、韩国和俄罗斯的采标率在 10% 和 25% 之间，相较而言，韩国 KS 采标率较高，为 24.74%，中国 GB 采用国际标准的采标率达到 17.33%，比俄罗斯 GOST 的 13.62% 和日本 JIS 的 12.63% 的比率高，比韩国 KS 低。

6.1.2 采用程度

根据表 30 的统计结果，在采标标准中，以“等同采用 IDT”方式采用标准的比例最高的是俄罗斯 GOST，比例为 100%，所有采标标准均以 IDT 等同方式采用。韩国 KS、英国 BS 和法国 NF 以等同方式采用标准的比例均达到 95% 以上，分别为 97.26%、96.82%、96.44%。德国 DIN 以等同方式采用标准的比例也达到 89.84%，之后是美国 ANSI，其比例为 71.23%。日本 JIS 以等同采用方式采用标准的比例最低，仅为 33.88%。中国 GB 以等同方式采用国际标准的比例为 57.53%，相较其他国家而言比例低，但高于日本。

各国标准采用国际标准程度的对比情况如图 22 所示。

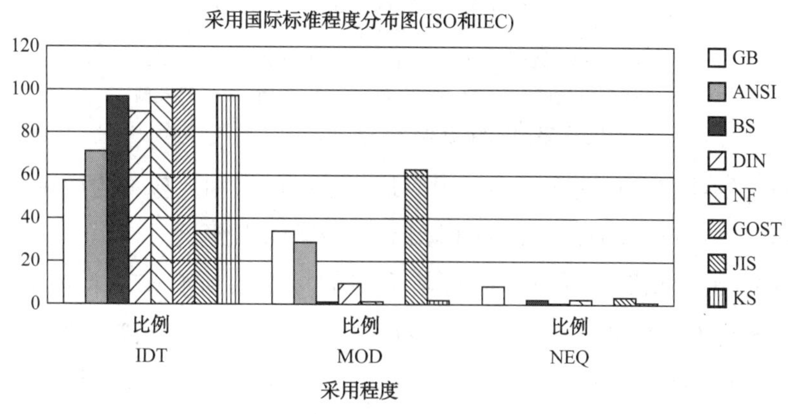

图 22 采用国际标准程度对比图（油气管道）

从图 22 可以更明显地看到各国标准在采用国际标准程度上的不同。在“修改采用 MOD”方式下，JIS 的采标比例最高，为 62.81%；其次是中国 GB，比例为 34.04%；美国 ANSI 排在第三位，为 28.77%；其他国家的比例都较低，均在 10% 以下。

以“非等效采用 NEQ”方式采用国际标准的比例均较低，相较而言，中国 GB 的比例最高，为 8.43%，其余国家均在 4% 以下。

因此，总体来说，我国 GB 标准的采标率相比其他国家而言还较低，且以等同方式采用的国际标准较少；而俄罗斯、英国、德国、法国和韩国则与国际标准基本一致，大多以 IDT 等同方式采用；美国虽然较少采用国际标准，但大多也以等同方式采用；而日本则大多以修改采用的方式采用国际标准。

6.1.3 采标及时性

采标及时性是反应采用国际标准工作程度的一项重要指标，本书通过计算各国国家标准的发布时间与该标准采用的国际标准的发布时间的时间差来展现采标的及时性，通过计算在不同时间差情况下的采标标准数量及其在采标标准总数中的比例来比较各国采标及时性的差异。

按照采用国际标准时间差统计的各国标准的采标标准数量及比例的对比图见图 23，采标标准数量与比例的统计结果见表 31。

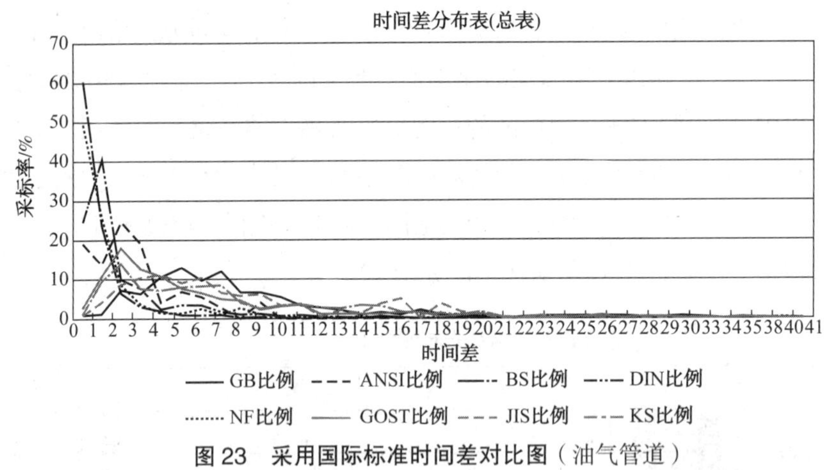

图 23 采用国际标准时间差对比图（油气管道）

总体来看，英国 BS 对国际标准的跟踪最为及时，采用反应最为敏锐，其次是法国 NF。相对而言，中国 GB 和日本 JIS 对国际标准的采用比较迟缓。

BS 在 ISO、IEC 标准发布当年即将其采用的标准占所有采用标准总量的比例为 60.37%；在 ISO、IEC 标准发布次年采用为 BS 标准的比例为 23.67%。即在采用国际标准的 BS 标准中，近 85% 的标准都是在 ISO、IEC 标准发布后 1 年后采用为 BS 标准的，采标非常及时。

表 31 采用国际标准的时间差分布表（油气管道）

时间差	GB		ANSI		BS		DIN		NF		GOST		JIS		KS	
	数量	比例/%	数量	比例/%	数量	比例/%	数量	比例/%	数量	比例/%	数量	比例/%	数量	比例/%	数量	比例/%
0	3	0.90	14	19.18	760	60.37	225	24.59	458	49.35	7	2.68	2	0.83	5	1.05
1	4	1.20	10	13.70	298	23.67	371	40.55	240	25.86	28	10.73	10	4.13	45	9.49
2	24	7.23	18	24.66	81	6.43	91	9.95	80	8.62	47	18.01	21	8.68	66	13.92
3	21	6.33	14	19.18	38	3.02	70	7.65	34	3.66	33	12.64	25	10.33	36	7.59
4	35	10.54	3	4.11	24	1.91	22	2.40	13	1.40	28	10.73	27	11.16	34	7.17
5	43	12.95	5	6.85	12	0.95	32	3.50	13	1.40	20	7.66	22	9.09	38	8.02
6	32	9.64	4	5.48	11	0.87	31	3.39	23	2.48	17	6.51	25	10.33	39	8.23
7	40	12.05	2	2.74	12	0.95	16	1.75	9	0.97	13	4.98	16	6.61	40	8.44
8	22	6.63	0	0.00	3	0.24	10	1.09	25	2.69	12	4.60	14	5.79	19	4.01
9	22	6.63	3	4.11	5	0.40	11	1.20	10	1.08	6	2.30	15	6.20	12	2.53
10	18	5.42	0	0.00	2	0.16	6	0.66	5	0.54	8	3.07	8	3.31	16	3.38
11	11	3.31	0	0.00	2	0.16	8	0.87	2	0.22	9	3.45	9	3.72	17	3.59
12	9	2.71	0	0.00	4	0.32	4	0.44	1	0.11	3	1.15	1	0.41	13	2.74
13	7	2.11	0	0.00	0	0.00	3	0.33	0	0.00	3	1.15	5	2.07	12	2.53
14	3	0.90	0	0.00	2	0.16	1	0.11	5	0.54	3	1.15	3	1.24	16	3.38
15	5	1.51	0	0.00	2	0.16	5	0.55	1	0.11	3	1.15	9	3.72	15	3.16
16	3	0.90	0	0.00	2	0.16	2	0.22	2	0.22	4	1.53	12	4.96	8	1.69
17	7	2.11	0	0.00	0	0.00	0	0.00	0	0.00	4	1.53	0	0.00	5	1.05
18	3	0.90	0	0.00	0	0.00	0	0.00	2	0.22	1	0.38	9	3.72	6	1.27

续表

时间差	GB		ANSI		BS		DIN		NF		GOST		JIS		KS	
	数量	比例/%	数量	比例/%	数量	比例/%	数量	比例/%	数量	比例/%	数量	比例/%	数量	比例/%	数量	比例/%
19	2	0.60	0	0.00	0	0.00	1	0.11	0	0.00	2	0.77	4	1.65	4	0.84
20	2	0.60	0	0.00	0	0.00	0	0.00	3	0.32	3	1.15	2	0.83	8	1.69
21	0	0.00	0	0.00	0	0.00	1	0.11	0	0.00	1	0.38	0	0.00	2	0.42
22	1	0.30	0	0.00	0	0.00	1	0.11	0	0.00	0	0.00	0	0.00	1	0.21
23	2	0.60	0	0.00	0	0.00	0	0.00	0	0.00	0	0.00	0	0.00	3	0.63
24	2	0.60	0	0.00	0	0.00	0	0.00	0	0.00	0	0.00	0	0.00	2	0.42
25	2	0.60	0	0.00	0	0.00	0	0.00	0	0.00	1	0.38	1	0.41	1	0.21
26	2	0.60	0	0.00	0	0.00	1	0.11	0	0.00	2	0.77	0	0.00	2	0.42
27	2	0.60	0	0.00	0	0.00	1	0.11	1	0.11	0	0.00	1	0.41	1	0.21
28	1	0.30	0	0.00	0	0.00	0	0.00	0	0.00	1	0.38	0	0.00	2	0.42
29	1	0.30	0	0.00	0	0.00	0	0.00	0	0.00	1	0.38	0	0.00	2	0.42
30	2	0.60	0	0.00	0	0.00	0	0.00	0	0.00	0	0.00	0	0.00	1	0.21
33	1	0.30	0	0.00	0	0.00	0	0.00	0	0.00	0	0.00	0	0.00	1	0.21
34	0	0.00	0	0.00	0	0.00	0	0.00	0	0.00	0	0.00	0	0.00	0	0.00
35	0	0.00	0	0.00	0	0.00	0	0.00	0	0.00	1	0.38	1	0.41	1	0.21
38	0	0.00	0	0.00	0	0.00	0	0.00	0	0.00	0	0.00	0	0.00	1	0.21
40	0	0.00	0	0.00	1	0.08	2	0.22	0	0.00	0	0.00	0	0.00	0	0.00
41	0	0.00	0	0.00	0	0.00	0	0.00	1	0.11	0	0.00	0	0.00	0	0.00
总计	332	100	73	100	1259	100	915	100	928	100	261	100	242	100	474	100

NF 在 ISO、IEC 标准发布当年即将其采用的标准占所有采用标准总量的比例为 49.35%；在 ISO、IEC 标准发布次年采用为 NF 标准的比例为 25.86%。即在采用国际标准的 NF 标准中，近 75% 的标准是在 ISO、IEC 标准发布 1 年后采用为 NF 标准的，采标也很及时。

虽然 DIN 在 ISO、IEC 标准发布当年将其采用的标准占所有采用标准总量的比例为 24.59%，但在 ISO、IEC 标准发布次年采用为 DIN 标准的比例为 40.55%。即在采用国际标准的 DIN 标准中，约 65% 的标准是在 ISO、IEC 标准发布后 1 年后采用为 DIN 标准的，采标也比较及时。

ANSI 在 ISO、IEC 标准发布当年即将其采用的标准占所有采用标准总量的比例为 19.18%；在 ISO、IEC 标准发布次年采用为 ANSI 标准的比例为 13.7%；在 ISO、IEC 标准发布的第 2 年和第 3 年采用为 ANSI 标准的比例分别为 24.66%、19.18%。即在采用国际标准的 ANSI 标准中，约 76% 的标准是在 ISO、IEC 标准发布 3 年后采用为 ANSI 标准的。

GB、GOST、JIS 和 KS 在 ISO、IEC 标准发布当年和次年就采用的比例都很低，在 ISO、IEC 标准发布 1 年后采用标准的比例分别为 2.1%、13.41%、4.96%、10.54%；在 ISO、IEC 标准发布 3 年后采用标准的比例分别为 15.66%、44.06%、23.97%、32.05%；在 ISO、IEC 标准发布 5 年后采用标准的比例分别为 39.15%、62.45%、44.22%、47.24%。从这些数据可以看出，GB、GOST、JIS 和 KS 的采标标准中，仅 GOST 有 60% 以上的采标标准是在 ISO、IEC 标准发布 5 年后采用的，其余均低于 50%，其中，JIS 和 KS 的比例接近，GB 的比例最低。

综上所述，在采标及时性方面，欧洲的 BS、NF 和 DIN 采标最为及时，美国 ANSI 次之，俄罗斯 GOST、中国 GB、韩国 KS 和日本 JIS 与欧洲国家相比有一定差距，我国 GB 和日本 JIS 更需要提高采用国际标准的及时性。

6.1.4 年度采标量

年度采标量可以为分析各国采标政策的变化提供依据。本书通过按年度来统计各国采标标准数量及其在采标标准总数中的比例来分析年度采标量的发展情况。

按照年度采标数量统计的采标数量及其比例的统计结果见表 32，2011 年之后各国标准的年度采标比例的对比图见图 24。

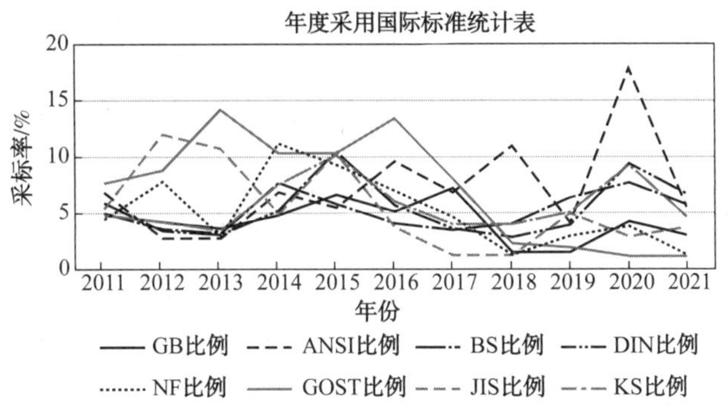

图 24 2011 年之后年度采用国际标准对比图（油气管道）

表 32　年度采用国际标准统计表（油气管道）

年份	GB		ANSI		BS		DIN		NF		GOST		JIS		KS	
	数量	比例/%	数量	比例/%	数量	比例/%	数量	比例/%	数量	比例/%	数量	比例/%	数量	比例/%	数量	比例/%
2010 前	177	53.51	15	20.55	546	43.37	364	39.78	342	36.85	54	20.69	94	38.84	206	43.46
2011	16	4.82	5	6.85	63	5.00	54	5.90	45	4.85	20	7.66	13	5.37	21	4.43
2012	14	4.22	2	2.74	45	3.57	31	3.39	39	4.20	23	8.81	29	11.98	37	7.81
2013	12	3.61	2	2.74	40	3.18	28	3.06	32	3.45	37	14.18	26	10.74	14	2.95
2014	16	4.82	5	6.85	97	7.70	48	5.25	70	7.54	27	10.34	12	4.96	53	11.18
2015	22	6.63	4	5.48	73	5.80	96	10.49	94	10.13	27	10.34	25	10.33	44	9.28
2016	17	5.12	7	9.59	51	4.05	52	5.68	56	6.03	35	13.41	9	3.72	33	6.96
2017	24	7.23	5	6.85	44	3.49	33	3.61	37	3.99	21	8.05	3	1.24	22	4.64
2018	5	1.51	8	10.96	51	4.05	26	2.84	37	3.99	6	2.30	3	1.24	6	1.27
2019	5	1.51	3	4.11	80	6.35	36	3.93	47	5.06	5	1.92	12	4.96	14	2.95
2020	14	4.22	13	17.81	97	7.70	86	9.40	86	9.27	3	1.15	7	2.89	18	3.80
2021	10	3.01	4	5.48	72	5.72	61	6.67	43	4.63	3	1.15	9	3.72	6	1.27
总计	332	100	73	100	1259	100	915	100	928	100	261	100	242	100	474	100

表 32 和图 24 对标准机构年度采用 ISO、IEC 标准情况的统计结果显示：

BS 在 2014 年和 2020 年出现小高峰，采标标准数量为 97，比例为 7.7%；2019 年为 80 项，比例为 6.35%；其余年份较为平稳，采标标准总量达到 1259 项，排在第 1 位。

NF 在 2015 年的采标标准数量最多，为 94 项，比例为 10.13%；2020 年的采标标准数量为 86 项，比例为 9.27%；其余年份比较平稳，采标标准总量为 928 项，排在第 2 位。

DIN 采标数量也较多，总量居第 3 位，为 915 项。与 NF 相同，2015 年的采标标准最多，为 96 项，比例为 10.49%；2020 年为 86 项，比例为 9.4%。

KS 采标标准总量为 474 项，居第 4 位，在 2012 年、2014 年、2015 年和 2016 年的采标量较高，每年都在 30 项以上。

GOST 和 JIS 的采标数量接近，分别为 261 项、242 项，采标量比较高的年度主要集中于 2011~2016 年。

ANSI 的采标标准数量最少，为 73 项，2020 年的采标数量最多，为 13 项，比例为 17.81%，其余年度的采标标准数量处于较低的水平，但一直都很平稳。

GB 采标标准总量为 332 项，多于 GOST、JIS、ANSI 的采标标准数量，除 2018 年和 2019 年外，其余年度采标数量比较平稳，每年约 20 项左右。

6.2 采用 ISO 标准的详细分析

本节主要针对采用 ISO 标准的情况进行详细分析，重点围绕中国采用而国外未采用的 ISO 标准、中国未采用而国外采用的 ISO 标准的领域和概要内容进行分析。

6.2.1 ISO 标准采用情况对照表

为了更好地比较各国对 ISO 标准的采用情况，需要建立针对每项 ISO 标准所对应的各国采用标准情况对照表，这样可以直接看出对每项 ISO 标准的各国采用情况，便于做具体的详细分析。

建立 ISO 标准采用情况对照表的方法是将“采用关系”字段中的数据进行拆分处理后，对标准号进行标准化处理，然后对应每项 ISO 标准将各国的采用标准号列出，形成国际标准采用情况对照表。

油气管道标准中共有 1099 项 ISO 标准被采用，ISO 标准被采用情况对照表示例见表 33。

表 33 ISO 标准采用情况对照表示例

国际标准	GB	ANSI	BS	DIN	NF	GOST	JIS	KS
ISO 10012—2003，IDT* 测量管理系统．测量方法和测量设备的要求	GB/T 19022—2003	ANSI/ASQ/ISO Q 10012—2003	BS EN ISO 10012—2003	DIN EN ISO 10012—2004	NF X07-009—2003	GOST R ISO 10012—2008	JIS Q 10012—2011	KS Q ISO 10012—2004

续表

国际标准	GB	ANSI	BS	DIN	NF	GOST	JIS	KS
ISO 14313—2007，IDT* 石油和天然气工业.管道运输系统.管道阀		ANSI/API SPEC 6D—2008						
ISO 14313—2007，MOD* 石油和天然气工业.管道运输系统.管道阀	GB/T 20173—2013		BS EN 13942—2009	DIN EN 13942—2009	NF M87-214—2009			

6.2.2 GB 以 IDT 方式采用 ISO 标准的详细分析

根据 ISO 标准采用情况对照表，分析比较中国国家标准 GB 采用的 ISO 标准与其他国家的异同。在以 IDT 等同采用的方式下，中国 GB 采用的标准内容主要涉及环境管理、液态烃测量、封闭管道测算、燃气轮机、石油天然气、工业自动化等，内容跨度涵盖面广，因内容较多，故选择主要内容做以下的具体分析。

GB 以 IDT 方式采用的环境管理类 ISO 标准 6 项，见表 34。

在 GB 的采用时间上，环境类 ISO 国际标准发布后，其中 4 项为 2 年内采用，1 项 7 年后采用，1 项为 8 年后采用，总体的采用时间绝大部分是较为及时的。

相较于 GB 的采用情况，BS、DIN、NF 采用国际标准 ISO 的时间多为 ISO 的发布当年或次年，采用时间非常及时，欧洲各国的国家标准对于国际标准 ISO 的采用反应更快速，因此时效性也更强。

表 34　GB 与以 IDT 方式采用的环境管理方面的 ISO 标准

国际标准	GB	ANSI	BS	DIN	NF	GOST	JIS	KS
ISO 14001—2015，IDT* 环境管理系统.使用指南要求	GB/T 24001—2016	ANSI/ASQ/ISO 14001—2015	BS EN ISO 14001—2015	DIN EN ISO 14001—2015	NF X30-200—2015	GOST R ISO 14001—2016	JIS Q 14001—2015	KS I ISO 14001—2016
ISO 14015—2001，IDT* 环境管理.场地和组织的环境评定	GB/T 24015—2003		BS EN ISO 14015—2001	DIN ISO 14015—2002	NF X30-225—2002	GOST R ISO 14015—2007	JIS Q 14015—2002	KS Q ISO 14015—2011

续表

国际标准	GB	ANSI	BS	DIN	NF	GOST	JIS	KS
ISO 14040—2006，IDT* 环境管理．生命周期评价．原则与框架	GB/T 24040—2008	ANSI/ASQ/ISO 14040—2006	BS EN ISO 14040—2006	DIN EN ISO 14040—2006	NF X30-300—2006	GOST R ISO 14040—2010	JIS Q 14040—2010	KS I ISO 14040—2011
ISO 14044—2006，IDT* 环境管理．产品寿命周期评价．要求和导则	GB/T 24044—2008	ANSI/ASQ/ISO 14044—2006	BS EN ISO 14044—2006	DIN EN ISO 14044—2006	NF X30-304—2006	GOST R ISO 14044—2007	JIS Q 14044—2010	KS I ISO 14044—2011
ISO 3977-4—2002，IDT* 燃气轮机．采购．第 4 部分：燃料和环境	GB/T 14099.4—2010		BS ISO 3977-4—2002		NF E37-501-4—2002			KS B ISO 3977-4—2009
ISO/TR 14062—2002，IDT* 环境管理．使环境问题与产品设计和开发相结合	GB/T 24062—2009			DIN-achbericht ISO/TR 14062—2003		GOST R 57326—2016		KS I ISO 14062—2010

GB 采用的 ISO 国际标准中液态烃测量类标准共 5 项，见表 35。在 GB 的采用时间上，其中 1 项为第 4 年采用，1 项为第 7 年采用，其余 3 项在 ISO 标准发布 10 年后采用。对于“ISO 7278-1—1987”和“ISO 7278-2—1988”，我国于 1998 年等同采用了这 2 项国际标准，发布了“GB/T 17286.1—1998”“GB/T 17286.2—1998”。2016 年，对这 2 项国家标准进行修订后发布了现行版本“GB/T 17286.1—2016”、“GB/T 17286.2—2016”，仍等同采用“ISO 7278-1—1987”和“ISO 7278-2—1988”国际标准。如果从 1998 年的第一次采用时间看，也是在 ISO 标准发布 10 年后采用的。而 BS 采用标准 BS EN ISO 7278-2—1990，发布时间为 1990 年。总体而言，我国标准对国际标准的采用时间比较滞后。

ISO 液态烃标准制定时间较早，每 5 年都会审定 1 次，技术发展稳定。但“ISO 7278-2—1988”已经废止，发布了最新版“ISO 7278-2—2022 石油测量系统 第 2 部分：管道校准仪的设计、校准和操作”。因此，我国在液态烃测量方面的国际标准采用工作应当加强，对这些发展稳定的标准，应从技术上及时跟踪 ISO 标准的发展进程，避免采用作废的标准，提高标准的时效性与适用性。

表 35　GB 以 IDT 方式采用的液态烃测量方面的 ISO 标准

国际标准	GB	ANSI	BS	DIN	NF	GOST	JIS	KS
ISO 4124—1994，IDT* 液态烃 动态测量体积计量系统的统计控制	GB/T 17287—1998		BS 7813—1995		NF M08-012—1997			
ISO 7278-1—1987，IDT* 液态烃.动态测量.体积计量流量计检定系统.第 1 部分：总则	GB/T 17286.1—2016		BS ISO 7278-1—1990	DIN EN ISO 7278-1—1996	NF M08-003—1996			KS M ISO 7278-1—2003
ISO 7278-2—1988，IDT* 液态烃 动态测量体积计量流量计检定系统.第 2 部分：体积管（已作废，更新为 ISO 7278-2-2022）	GB/T 17286.2—2016		BS EN ISO 7278-2—1990	DIN EN ISO 7278-2—1997	NF M08-007—1989			
ISO 7278-3—1998，IDT* 液态烃 动态测量体积计量流量计检定系统.第 3 部分：脉冲插入技术	GB/T 17286.3—2010		BS ISO 7278-3—1998		NF M08-004—1999			
ISO 7278-4—1999，IDT* 液态烃动态测量.体积计量流量计检定系统.第 4 部分：体积管操作人员指南	GB/T 17286.4—2006		BS ISO 7278-4—1999		NF M08-013—1999			

GB 采用的封闭管道类 ISO 国际标准共 5 项，见表 36。其中 1 项为 4 年内采用，2 项在 7~8 年后采用，2 项在 18 年后采用，总体的采用时间较晚。

而 BS 采用的 5 项中，均在两年内采用；DIN 和 NF 的 3 项中，其中 2 项是在 2 年内完成采用的，只有 1 项在 11 年后才有采用；KS 的 3 项中，采用时间均很晚，比我国 GB 的采用时间还晚，采用更为不及时。

总之，欧洲各国国家标准对 ISO 的采用非常及时，绝大多数都在 3 年以内完成，而 GB 在封闭管道类别上的采用时间普遍较晚，不利于 GB 的发展（表 36）。

表 36 GB 以 IDT 方式采用的封闭管道方面的 ISO 标准

国际标准	GB	ANSI	BS	DIN	NF	GOST	JIS	KS
ISO 2186—2007，IDT* 封闭管道中的流体流量.一次和二次元件间压力信号传送的连接件	GB/T 26801—2011		BS ISO 2186—2007					KS B ISO 2186—2015
ISO 4006—1991，IDT* 封闭管道中流体流量的测量 词汇和符号 两种语言版	GB/T 17611—1998		BS EN 24006—1991	DIN EN 24006—1993	NF X10-100—1991			KS B ISO 4006—2014
ISO 4185—1980，IDT* 封闭管道中液体流量的测量 重量法	GB/T 17612—1998		BS EN 24185—1981	DIN ISO 4185—1991	NF X10-138—1994			KS B 5325—2009
ISO 9368-1—1990，IDT* 采用称重法测量封闭管道中液体的流量 校核装置的规程 第 1 部分：静态称量系统	GB/T 17613.1—1998		BS 6199-1.2—1991	DIN ISO 9368-1—1991	NF X10-145—1991			KS B ISO 9368-1—2014
ISO 9951—1993，IDT* 封闭管道中气体流量的测量 涡轮计	GB/T 18940—2003		BS 7834—1995					KS B ISO 9951—2014

GB 采用的燃气轮机类 ISO 国际标准共 13 项，见表 37。全部集中在 4~9 年之间采用，大多集中在 7~8 年之间。同时，对比 GB 采用情况，BS 采用的 11 项中，均在 5 年内采用，8 项在 1 年内采用，相比而言，欧洲各国国家标准的采用更加及时，在内容上，也没有做出变动。

表 37　GB 以 IDT 方式采用的燃气轮机类方面的 ISO 标准

国际标准	GB	ANSI	BS	DIN	NF	GOST	JIS	KS
ISO 11042-1—1996，IDT* 燃气轮机 废气排放 第 1 部分：测试和评估	GB/T 18345.1—2001		BS ISO 11042-1—1997		NF E37-504-1—2016	GOST R ISO 11042-1—2001		KS B ISO 11042-1—2015
ISO 11042-2—1996，IDT* 燃气轮机 废气排放 第 2 部分：排放的自动监测	GB/T 18345.2—2001		BS ISO 11042-2—1997		NF E37-504-2—2016		JIS B 8043-2—2000	KS B ISO 11042-2—2015
ISO 21789—2009，IDT* 燃气轮机设施 . 安全性	GB/T 32821—2016		BS ISO 21789—2009			GOST R 55393—2012		
ISO 2314—2009，IDT* 燃气轮机 . 验收试验	GB/T 14100—2016		BS ISO 2314—2010		NF E37-500—2010	GOST R 55798—2013		
ISO 3977-3—2004，IDT* 燃气轮机 . 采购 . 第 3 部分：设计要求	GB/T 14099.3—2009		BS ISO 3977-3—2008		NF E37-501-3—2005			KS B ISO 3977-3—2015
ISO 3977-4—2002，IDT* 燃气轮机 . 采购 . 第 4 部分：燃料和环境	GB/T 14099.4—2010		BS ISO 3977-4—2002		NF E37-501-4—2002			KS B ISO 3977-4—2009
ISO 3977-5—2001，IDT* 燃气轮机 采购 第 5 部分：在石油和天然气工业中的应用	GB/T 14099.5—2010		BS EN ISO 3977-5—2002	DIN EN ISO 3977-5—2002	NF E37-501-5—2003			KS B ISO 3977-5—2015
ISO 3977-7—2002，IDT* 燃气轮机 . 采购 . 第 7 部分：技术信息	GB/T 14099.7—2006		BS ISO 3977-7—2002		NF E37-501-7—2002			KS B ISO 3977-7—2004
ISO 3977-8—2002，IDT* 燃气轮机 . 采购 . 第 8 部分：检查、测试、安装和交付使用	GB/T 14099.8—2009		BS ISO 3977-8—2002		NF E37-501-8—2002			KS B ISO 3977-8—2004

续表

国际标准	GB	ANSI	BS	DIN	NF	GOST	JIS	KS
ISO 3977-9—1999，IDT* 燃气轮机.采购.第 9 部分：可靠性、可用性、可维修性和安全性	GB/T 14099.9—2006		BS ISO 3977-9—2004		NF E37-501-9—2000	GOST R 52527—2006		KS B ISO 3977-9—2004
ISO 8216-2—1986，IDT* 石油产品 燃料（F 类）分类 第 2 部分：工业和船用燃气轮机燃料的种类	GB/T 12692.3—1990		BS 6843-2—1988		NF M15-019—1987	GOST 28577.2—1990		KS M ISO 8216-2—2003

GB 采用的油气工业及其他类运 ISO 国际标准共 8 项，见表 38。GB 在采用时间上，都在 4 年以后，有 2 项超过了 10 年，可见 GB 在采用国际标准 ISO 的时间上相对滞后。

表 38　GB 以 IDT 方式采用的油气工业及其他方面的 ISO 标准

国际标准	GB	ANSI	BS	DIN	NF	GOST	JIS	KS
ISO 10405—2000，IDT* 石油和天然气工业 套管和油管的维护和使用	GB/T 17745—2011		BS EN ISO 10405—2001	DIN EN ISO 10405—2006	NF M87-269—2007	GOST R 56175—2014		
ISO 11759—1999，IDT* 输送液化石油气用橡胶软管和软管组件（LPGs）规范	GB 20689—2006							KS M ISO 11759—2009
ISO 15926-2—2003，IDT* 工业自动化系统和集成.包括油气生产设施的加工设备使用寿命数据的集成.第 2 部分：数据模型	GB/T 18975.2—2008					GOST R ISO 15926-2—2010		KS B ISO 15926-2—2006
ISO 16708—2006，IDT* 石油和天然气工业.管道传输系统.基于可靠性的极限状态法	GB/T 29167—2012		BS EN ISO 16708—2006	DIN EN ISO 16708—2006	NF M87-246—2007			

续表

国际标准	GB	ANSI	BS	DIN	NF	GOST	JIS	KS
ISO 3977-5—2001，IDT* 燃气轮机 采购 第 5 部分：在石油和天然气工业中的应用	GB/T 14099.5—2010		BS EN ISO 3977-5—2002	DIN EN ISO 3977-5—2002	NF E37-501-5—2003			KS B ISO 3977-5—2015
ISO 6551—1982，IDT* 石油液体和气体动态测量的精度和可靠性 电脉冲数据和/或电子脉冲数据的电缆传输	GB/T 17746—1999		BS EN ISO 6551—1983	DIN EN ISO 6551—1996				
ISO 8216-2—1986，IDT* 石油产品 燃料（F 类）分类 第 2 部分：工业和船用燃气轮机燃料的种类	GB/T 12692.3—1990		BS 6843-2—1988		NF M15-019—1987	GOST 28577.2—1990		KS M ISO 8216-2—2003
ISO/TS 12747—2011，IDT* 石油和天然气工业 . 管道运输系统 . 管道寿命延长的推荐实施规程	GB/T 31468—2015			DIN CEN ISO/TS 12747—2013				

6.2.3 GB 以其他方式采用 ISO 标准的详细分析

除以 IDT 模式采用 ISO 标准之外，GB 也同样采用了“MOD 修改采用”和“NEQ 非等效采用”模式。按类别可以分为石油天然气、管道输送、声学和其他杂项，以下是分类比较情况。

GB 以其他方式采用的石油天然气方面的 ISO 标准共 38 项，见表 39，其中采用 MOD 方式的标准居多，采用 NEQ 方式的标准很少。在采用时间上，其中的 9 项是在 ISO 发布的 1~5 年内采用，19 项为 6~10 年内采用，7 项为 11~15 年内采用，3 项为 15 年后被采用。这说明在石油天然气产品标准上 GB 的采用在时间上总体滞后，只有少量标准在 ISO 发布后的 3 年内及时采用。

表 39 GB 以其他方式采用的石油天然气方面的 ISO 标准

国际标准	GB
ISO 10101-1—1993，NEQ* 天然气卡尔・菲舍尔法测定水 . 第 1 部分：前言	GB/T 18619.1—2002
ISO 10101-3—1993，NEQ* 天然气 卡尔・费休法测定天然气中的水 第 3 部分：库仑法	GB/T 18619.1—2002
ISO 10426-1—2009，MOD* 石油和天然气工业 . 油井固井用水泥和材料 . 第 1 部分：规范	GB/T 10238—2015
ISO 10426-2—2003，MOD* 石油和天然气工业 . 油井固井用水泥和材料 . 第 2 部分：油井用水泥的试验	GB/T 19139—2012
ISO 10440-1—2007，MOD* 石油、石化和天然气工业 . 旋转型容积式压缩机 . 第 1 部分：加工压缩机	GB/T 25357—2010
ISO 10440-2—2001，MOD* 石油和天然气工业 旋转型容积式压缩机 第 2 部分：封装的空气压缩机（无油）	GB/T 25358—2010
ISO 11541—1997，MOD* 天然气 高压下含水量的测定	GB/T 21069—2007
ISO 12213-1—2006，MOD* 天然气 . 压缩因子的计算 . 第 1 部分：介绍和指南	GB/T 17747.1—2011
ISO 12213-2—2006，MOD* 天然气 . 计算压缩因子 . 第 2 部分：利用摩尔成分分析计算	GB/T 17747.2—2011
ISO 12213-3—2006，MOD* 天然气 . 压缩因子计算 . 第 3 部分：利用物理特性计算	GB/T 17747.3—2011
ISO 13443—1996，NEQ* 天然气 标准参比条件	GB/T 19205—2008
ISO 13879—1999，MOD* 石油和天然气工业 功能规范的内容和起草	GB/T 24257—2009
ISO 13880—1999，MOD* 石油和天然气工业 技术规范的内容和起草	GB/T 24258—2009
ISO 14313—2007，MOD* 石油和天然气工业 . 管道运输系统 . 管道阀	GB/T 20173—2013
ISO 15167—1999，MOD* 石油产品 中间馏分燃料颗粒物含量的测定 实验室过滤法	GB/T 21452—2008
ISO 15169—2003，MOD* 石油和液体石油产品 . 用混合油罐测量系统测定立式油罐所含烃类的体积、密度和质量	GB/T 25964-2010
ISO 15590-3—2004，MOD* 石油和天然气工业 . 管道输送系统用进气弯头、管件和法兰 . 第 3 部分：法兰	GB/T 29168.3—2012
ISO 15649—2001，NEQ* 石油和天然气工业 管道	GB/T 20801.6—2006
ISO 18453—2004，MOD* 天然气 . 水含量和水露点的相关性	GB/T 22634—2008
ISO 19739—2004，MOD* 天然气 . 用气相色谱法测定硫化合物的含量	GB/T 11060.10—2014
ISO 2160—1998，MOD* 石油产品 对铜的腐蚀性 铜片腐蚀试验	GB/T 8034—2009
ISO 23874—2006，MOD* 天然气 . 碳露点计算用气相色谱法要求	GB/T 30492—2014
ISO 2977—1997，MOD* 石油产品和烃类溶剂 苯胺点和混合苯胺点的测定	GB/T 262—2010
ISO 3170—2004，MOD* 石油液体 . 人工采样	GB/T 4756—2015
ISO 3675—1998，NEQ* 原油和液体石油产品 密度实验室测定 密度计法	GB/T 1884—2000
ISO 3838—2004，MOD* 原油和液体或固体石油产品 . 密度或相对密度的测定 . 毛细管塞比重瓶和带刻度双毛细管比重瓶法	GB/T 13377—2010

续表

国际标准	GB
ISO 4266-1—2002，MOD* 石油和液态石油产品 . 用自动法测定储罐中温度和液面 . 第 1 部分：气罐的液面测量	GB/T 21451.1—2015
ISO 4266-4—2002，MOD* 石油和液态石油产品 . 用自动法测定储罐中温度和液面 . 第 4 部分：气罐温度的测量	GB/T 21451.4—2008
ISO 4268—2000，MOD* 石油和液态石油产品 温度计量 手工法	GB/T 8927—2008
ISO 4512—2000，MOD* 石油和液态石油产品 储油罐中液位的测量设备 人工法	GB/T 13236—2011
ISO 5275—2003，MOD* 石油产品和烃类溶剂 . 硫醇类和其他硫类的测定 .（博士法试验 - 定硫醇）	GB/T 8037—2009
ISO 6326-3—1989，MOD* 天然气 硫化物的测定 第 3 部分：用电势分析法对硫化氢、硫醇硫和硫化羰基硫的测定	GB/T 11060.6—2011
ISO 6327—1981，MOD* 气体分析 天然气水露点的测定 用表面冷凝湿度计测定	GB/T 17283—2014
ISO 6327—1981，NEQ* 气体分析 天然气水露点的测定 用表面冷凝湿度计测定	GB/T 17283—1998
ISO 6978-1—2003，MOD* 天然气 . 汞的测定 . 第 1 部分：用碘化学吸附法对汞的采样	GB/T 16781.1—2008
ISO 7507-1—2003，MOD* 石油和液态石油产品 . 直立式圆筒状油罐的标定 . 第 1 部分：围测法	GB/T 13235.1—2016
ISO 8216-2—1986，NEQ* 石油产品 燃料（F 类）分类 第 2 部分：工业和船用燃气轮机燃料的种类	GB/T 12692.3—1990
ISO/TR 13881—2000，MOD* 石油和天然气工业 产品、加工和服务的分类和合格评定	GB/T 20662—2006

GB 以其他方式采用 ISO 国际标准的管道输送类标准有 2 项，但 2 项国际标准均已修订发布了最新版本，其中 1 项国家标准目前处于修订状态，修改采用新版国际标准，见表 40。

表 40　GB 以其他方式采用的管道输送方面的 ISO 标准

国际标准	GB
ISO 15590-3—2004，MOD* 石油和天然气工业 . 管道输送系统用进气弯头、管件和法兰 . 第 3 部分：法兰 （标准更新为：ISO 15590-3—2022 石油和天然气工业 . 管道输送系统用进气弯头、管件和法兰 . 第 3 部分：法兰）	GB/T 29168.3—2012
ISO 13623—2000，MOD* 石油天然气工业 管道输送系统 （标准更新为：ISO 13623-2017 油天然气工业 管道输送系）	GB/T 24259—2009（目前，处于修订状态，修改采用 ISO 13623—2017）

GB 以其他方式采用的声学方面的 ISO 标准有 1 项，压缩机、防护服、火灾等方面的标准有 7 项。声学采取修改采用 MOD；其他标准有 4 项采用修改采用 MOD 模式，3 项采用非等效采用 NEQ 模式，见表 41。

表 41 GB 以其他方式采用的声学及其他方面的 ISO 标准

国际标准	GB
ISO 10440-1—2007，MOD* 石油、石化和天然气工业．旋转型容积式压缩机．第 1 部分：加工压缩机	GB/T 25357—2010
ISO 14617-9—2002，NEQ* 图表用图形符号．第 9 部分：泵、压缩机和风扇	GB/T 3164—2007
ISO 10440-2—2001，MOD* 石油和天然气工业 旋转型容积式压缩机 第 2 部分：封装的空气压缩机（无油）	GB/T 25358—2010
ISO 5388—1981，MOD* 固定式空气压缩机 安全规则和操作规程	GB 10892—2005
ISO 8297—1994，MOD* 声学 为评定环境测定多声源工业厂房的声功率级 工程法	GB/T 20246—2006
ISO 13999-1—1999，MOD* 防护服 防止刀切伤和割伤的手套和胳膊护套 第 1 部分：链环手套和胳膊护套	GB 30865.1—2014
ISO 16602—2007，NEQ* 化学品防护服装．分类、标签和性能要求	GB 24539—2009
ISO 9150—1988，NEQ* 防护服 防熔融金属飞溅物性能测试	GB/T 17599—1998

6.3 采用 IEC 标准的详细分析

按照与 ISO 标准采用情况对照表相同的方法，建立了 IEC 标准采用情况对照表，并根据此表进行采用 IEC 标准的详细分析。

6.3.1 GB 以 IDT 方式采用 IEC 标准的详细分析

根据 IEC 标准采用情况对照表，对比分析中国 GB 与 ANSI、BSI、DIN、AFNOR、GOST、JIS 和 KS 对油气管道相关的 IEC 国际标准的采用情况。中国采用的油气管道相关的 IEC 标准主要涉及工业过程、电子电器、继电器、卫星通讯等方面，以下是具体情况的分析。

GB 采用的电子电器方面的 IEC 标准共有 11 项，见表 42。在 IEC 标准发布后，GB 只有 2 项在 3 年内采用，其余全部集中在 5 年至 8 年之间采用，有 6 项都在第 7 年采用。

同时，对比 GB 采用情况，此 11 项标准中，BS、DIN、NF、GOST、JIS 和 KS 也有所采用，总体来说，欧洲各国的采用非常及时，而其他国家的采用相对比较滞后。

表 42 GB 以 IDT 方式采用的电子电器方面的 IEC 标准

国际标准	GB	ANSI	BS	DIN	NF	GOST	JIS	KS
IEC 61187—1993，IDT* 电气和电子测量设备 文件	GB/T 16511—1996					GOST R 51288—1999		KS C IEC 61187—2013

续表

国际标准	GB	ANSI	BS	DIN	NF	GOST	JIS	KS
IEC 61508-2—2010，IDT* 电气、电子、程序可控的电子安全相关系统的功能性安全.第2部分：电气、电子、程序可控的电子安全相关系统的要求	GB/T 20438.2—2017		BS EN 61508—2-2010	DIN EN 61508-2—2011	NF C46-062—2011	GOST R IEC 61508-2—2012	JIS C 0508-2—2014	
IEC 61508-3—2010，IDT* 电气、电子、程序可控的电子安全相关系统的功能性安全.第3部分：软件要求	GB/T 20438.3—2017		BS EN 61508-3—2010	DIN EN 61508-3—2011	NF C46-063—2011	GOST R IEC 61508-3—2012	JIS C 0508-3—2014	
IEC 61508-4—2010，IDT* 电气、电子、程序可控的电子安全相关系统的功能性安全.第4部分：定义和缩略语	GB/T 20438.4—2017		BS EN 61508-4—2010	DIN EN 61508-4—2011	NF C46-064—2011	GOST R IEC 61508-4—2012	JIS C 0508-4—2012	
IEC 61508-5—2010，IDT* 电气、电子、程序可控的电子安全相关系统的功能性安全.第5部分：安全完整性水平的测定用方法实例	GB/T 20438.5—2017		BS EN 61508-5—2010	DIN EN 61508-5—2011	NF C46-065—2011	GOST R IEC 61508-5—2012	JIS C 0508-5—2019	
IEC 61508-6—2010，IDT* 电气、电子、程序可控的电子安全相关系统的功能性安全.第6部分：IEC 61508-2和IEC 61508-3的应用指南	GB/T 20438.6—2017		BS EN 61508-6—2010	DIN EN 61508-6—2011	NF C46-066—2011	GOST R IEC 61508-6—2012	JIS C 0508-6—2019	

续表

国际标准	GB	ANSI	BS	DIN	NF	GOST	JIS	KS
IEC 61508-7—2010，IDT* 电气、电子、程序可控的电子安全相关系统的功能性安全 . 第 7 部分：技术和措施概述	GB/T 20438.7—2017		BS EN 61508-7—2010	DIN EN 61508-7—2011	NF C46-067—2011	GOST R IEC 61508-7—2012	JIS C 0508-7—2017	
IEC 61987-10—2009，IDT* 工业处理测量和控制 . 处理设备目录中的数据结构和元素 . 第 10 部分：电子数据交换的工业处理测量和控制性能清单（LOPs）. 基本原则	GB/T 20818.10—2017		BS EN 61987-10—2010	DIN EN 61987-10—2010	NF C46-027-10—2012			
IEC 61987-21—2015，IDT* 工业过程测量和控制 . 过程设备目录中的数据结构和元素 . 第 21 部分：用于电子数据交换的自动阀门的属性列表（LOP）. 通用结构	GB/T 20818.21—2020		BS EN 61987-21—2016	DIN EN 61987-21—2016	NF C46-027-21—2016			
IEC 62305-4—2010，IDT* 雷电防护 . 第 4 部分：建筑物中电气和电子系统	GB/T 21714.4—2015		BS EN 62305-4—2011	DIN EN 62305-4—2011	NF C17-100-4—2012	GOST R IEC 62305-4—2016	JIS Z 9290-4—2016	KS C IEC 62305-4—2012
IEC 63000—2016，IDT* 关于有害物质限制的电气和电子产品评估用技术文件	GB/T 36560—2018		BS EN IEC 63000—2018	DIN EN IEC 63000—2019	NF C05-582—2018			

GB采用的工业过程方面的IEC标准共25项，见表43。在IEC标准发布后的5年内采用的有7项，5至10年采用的有14项，超过10年的有4项，其中最长的达到26年。BS采用的23项中，22项在发布一年内就被采用，1项在发布第2年被采用，可见采用非常及时（表43）。

表43　GB以IDT方式采用的工业过程方面的IEC标准

国际标准	GB	ANSI	BS	DIN	NF	GOST	JIS	KS
IEC 60654-2—1979，IDT* 工业过程测量和控制设备的运行条件 第2部分：动力	GB/T 17214.2—2005		BS EN 60654-2—1980	DIN IEC 60654-2—1984	NF C46-002—1994			KS C IEC 60654-2—2014
IEC 60654-3—1983，IDT* 工业过程测量和控制设备的运行条件第3部分：机械影响	GB/T 17214.3—2000		BS EN 60654-3—1984	DIN IEC 60654-3—1985	NF C46-003—1997			
IEC 60654-4—1987，IDT* 工业过程测量和控制设备的运行条件 第4部分：腐蚀和侵蚀影响	GB/T 17214.4—2005		BS EN 60654-4—1988	DIN IEC 60654-4—1990	NF C46-004—1997			KS C IEC 60654-4—2014
IEC 60946—1988，IDT* 过程测量和控制系统的二进制直流电压信号	GB/T 19899—2005			DIN IEC 60946—1991				
IEC 60534-1—2005，IDT* 工业过程控制阀.第1部分：控制阀术语和一般考虑	GB/T 17213.1—2015		BS EN 60534-1—2005	DIN EN 60534-1—2005	NF C46-502—2005		JIS B 2005-1—2012	
IEC 61298-1—2008，IDT* 过程测量和控制装置.性能评定用一般方法和程序.第1部分：一般考虑	GB/T 18271.1—2017		BS EN 61298-1—2009	DIN EN 61298-1—2009	NF C46-025-1—2009	GOST R IEC 61298-1—2015		

续表

国际标准	GB	ANSI	BS	DIN	NF	GOST	JIS	KS
IEC 61298-2—2008，IDT* 过程测量和控制装置．性能评定用一般方法和程序．第 2 部分：参考条件下的试验	GB/T 18271.2—2017		BS EN 61298-2—2009	DIN EN 61298-2—2009	NF C46-025-2—2009	GOST R IEC 61298-2—2015		
IEC 61298-3—2008，IDT* 过程测量和控制装置．性能评定用一般方法和程序．第 3 部分：影响量作用的试验	GB/T 18271.3—2017		BS EN 61298-3—2009	DIN EN 61298-3—2009	NF C46-025-3—2009	GOST R IEC 61298-3—2015		
IEC 61298-4—2008，IDT* 过程测量和控制装置．性能评定用一般方法和程序．第 4 部分：评定报告的内容	GB/T 18271.4—2017		BS EN 61298-4—2009	DIN EN 61298-4—2009	NF C46-025-4—2009	GOST R IEC 61298-4—2015		
IEC 61987-1—2006，IDT* 工业过程测量和控制．处理设备目录中数据结原理．第 1 部分：带模拟和数字输出的测量设备	GB/T 20818.1—2015		BS EN 61987-1—2007	DIN EN 61987-1—2007	NF C46-027-1—2013	GOST R IEC 61987-1—2010		
IEC 60534-9—2007，IDT* 工业过程控制阀．第 9 部分：步进输入反应测量的试验程序	GB/T 17213.18—2015		BS EN 60534-9—2007	DIN EN 60534-9—2008	NF C46-523—2008			
IEC 61506—1997，IDT* 工业过程测量和控制 应用软件的文件编制	GB/T 19898—2005							

续表

国际标准	GB	ANSI	BS	DIN	NF	GOST	JIS	KS
IEC 61514—2000，IDT* 工业过程控制系统 气动输出阀门定位器性能评定方法	GB/T 22137.1—2008		BS EN 61514—2002	DIN EN 61514—2002				
IEC 61784-3-12—2010，IDT* 工业通讯网络．配置文件．第 3 部分：功能安全性现场总线 .CPF 12 的附加规范	GB/T 36006—2018		BS EN 61784-3-12+A1—2010	DIN EN 61784-3-12—2012	NF C46-080-3-12—2012	GOST R IEC 61784-3-12—2016		KS C IEC 61784-3-12—2018
IEC 61987-10—2009，IDT* 工业处理测量和控制．处理设备目录中的数据结构和元素．第 10 部分：电子数据交换的工业处理测量和控制性能清单（LOPs）．基本原则	GB/T 20818.10—2017		BS EN 61987-10—2010	DIN EN 61987-10—2010	NF C46-027-10—2012			
IEC 60534-7—2010，IDT* 工业过程控制阀．第 7 部分：控制阀数据表	GB/T 17213.7—2017		BS EN 60534-7—2011	DIN EN 60534-7—2011	NF C46-525—2012		JIS B 2005-7—2019	
IEC 60534-2-1—2011，IDT* 工业过程控制阀．第 2-1 部分：流通能力．安装条件下不可压缩流体流量的校准方程式	GB/T 17213.2—2017		BS EN 60534-2-1—2011	DIN EN 60534-2-1—2012	NF C46-503—2011		JIS B 2005-2-1—2019	
IEC 60534-2-4—2009，IDT* 工业过程控制阀．第 2-4 部分：流通能力．固有流动性和变化范围	GB/T 17213.10—2015		BS EN 60534-2-4—2010	DIN EN 60534-2-4—2009	NF C46-506—2009		JIS B 2005-2-4—2019	

续表

国际标准	GB	ANSI	BS	DIN	NF	GOST	JIS	KS
IEC 60546-1—2010，IDT* 工业过程控制系统用模拟信号控制器．第 1 部分：性能评价方法	GB/T 20819.1—2015		BS EN 60546-1—2011	DIN EN 60546-1—2011	NF C46-401—2011			
IEC 60546-2—2010，IDT* 工业过程控制系统用模拟信号控制器．第 2 部分：检验和常规试验指南	GB/T 20819.2—2015		BS EN 60546-2—2011	DIN EN 60546-2—2011	NF C46-402—2011			
IEC 60654-1—1993，IDT* 工业过程测量和控制设备 运行条件 第 1 部分：气候条件	GB/T 17214.1—1998		BS EN 60654-1—1993	DIN EN 60654-1—1994	NF C46-001—1993			
IEC 61987-21—2015，IDT* 工业过程测量和控制．过程设备目录中的数据结构和元素．第 21 部分：用于电子数据交换的自动阀门的属性列表（LOP）.通用结构	GB/T 20818.21—2020		BS EN 61987-21—2016	DIN EN 61987-21—2016	NF C46-027-21—2016			
IEC 61069-1—2016，IDT* 工业过程测量、控制和自动化．系统评估用系统特性的评定．第 1 部分：术语和基本概念	GB/T 38852.1—2020		BS EN 61069-1—2016	DIN EN 61069-1—2017	NF C46-640-1—2016	GOST R IEC 61069-1—2017		
IEC 61069-2—2016，IDT* 工业过程测量、控制和自动化．系统评估用系统特性的评定．第 2 部分：评估方法学	GB/T 38852.2—2020		BS EN 61069-2—2016	DIN EN 61069-2—2017	NF C46-640-2—2016	GOST R IEC 61069-2—2017		

续表

国际标准	GB	ANSI	BS	DIN	NF	GOST	JIS	KS
IEC 60519-10—2013，IDT* 电热设备的安全性 . 第 10 部分：工业和商业用电阻跟踪加热的详细要求	GB/T 5959.10—2015		BS EN 60519-10—2013	DIN EN 60519-10—2014	NF C79-640—2013	GOST IEC 60519-10—2015		

GB 采用的雷电防护方面的 IEC 标准有 7 项，见表 44. 在采用时间上与其他国家相比稍晚，但总体接近，说明 GB 在雷电防护方面的采标工作开展的比较好（表 44）。

表 44　GB 以 IDT 方式采用的雷电防护方面的 IEC 标准

国际标准	GB	ANSI	BS	DIN	NF	GOST	JIS	KS
IEC 62305-1—2010，IDT* 雷电防护 . 第 1 部分：一般原则	GB/T 21714.1—2015		BS EN 62305-1—2011		NF C17-100-1—2013	GOST R IEC 62305-1—2010	JIS Z 9290-1—2015	KS C IEC 62305-1—2012
IEC 62305-2—2010，IDT* 雷电防护 . 第 2 部分：风险管理	GB/T 21714.2—2015		BS EN 62305-2—2013			GOST R IEC 62305-2—2010		KS C IEC 62305-2—2012
IEC 62305-3—2010，IDT* 雷电防护 . 第 3 部分：建筑物的物理损害和生命危险	GB/T 21714.3—2015		BS EN 62305-3—2011					KS C IEC 62305-3—2012
IEC 62305-4—2010，IDT* 雷电防护 . 第 4 部分：建筑物中电气和电子系统	GB/T 21714.4—2015		BS EN 62305-4—2011	DIN EN 62305-4—2011	NF C17-100-4—2012	GOST R IEC 62305-4—2016	JIS Z 9290-4—2016	KS C IEC 62305-4—2012
IEC 62561-4—2017，IDT* 雷电防护系统组件（LPSC）. 第 4 部分：导体紧固件用要求	GB/T 33588.4—2020		BS EN 62561-4—2018	DIN EN 62561-4—2018	NF C17-153-4—2017			

续表

国际标准	GB	ANSI	BS	DIN	NF	GOST	JIS	KS
IEC 62561-5—2017，IDT* 雷电防护系统组件（LPSC）. 第 5 部分：接地极检测箱和接地电极密封要求	GB/T 33588.5—2020		BS EN 62561-5—2018	DIN EN 62561-5—2018	NF C17-153-5—2017			
IEC 62561-6—2018，IDT* 雷电防护系统组件（LPSC）. 第 6 部分：雷击计数器（LSC）要求	GB/T 33588.6—2020		BS EN IEC 62561-6—2018	DIN EN IEC 62561-6—2018	NF C17-153-6—2018			

GB 采用的卫星通讯及其他类标准共 15 项，见表 45。GB 在采用时间上，卫星通讯的 7 项采用时间都较晚，其中 2 项在 3 至 5 年被采用，3 项都在第 8 至 9 年被采用，此外还有 1 项在 IEC 发布后第 14 年才被 GB 采用（表 45）。

表 45　GB 以 IDT 方式采用的卫星通讯及其他方面的 IEC 标准

国际标准	GB	ANSI	BS	DIN	NF	GOST	JIS	KS
IEC 60050-448—1995，IDT* 国际电工词汇 第 448 章：电力系统保护	GB/T 2900.49—2004				NF C01-448—1998			
IEC 60050-461—2008，IDT* 国际电工词汇 . 第 461 部分：电缆	GB/T 2900.10—2013				NF C01-461—2008			
IEC 60050-617—2009，IDT* 国际电工词汇 . 第 617 部分：电学组织 / 市场	GB/T 2900.87—2011							
IEC 60050-705—1995，IDT* 国际电工词汇 . 第 705 章：无线电波传播	GB/T 14733.9—2008		BS IEC 60050 705—1997		NF C01-705—1998			KS C IEC 60050-705—2002

续表

国际标准	GB	ANSI	BS	DIN	NF	GOST	JIS	KS
IEC 60050-731—1991，IDT* 国际电工词汇 第731章：光纤通信	GB/T 14733.12—2008		BS 4727-3 Group 13—1992	DIN IEC 60050-731—1996		GOST IEC 60050-731—2017		
IEC 60050-826—2004，IDT* 国际电工词汇．第826部分：电气装置	GB/T 2900.71—2008				NF C01-826—2004	GOST R IEC 60050-826—2009		
IEC 60510-1—1975，IDT* 卫星地面站用无线电设备的测量方法 第1部分：总则	GB/T 11299.1—1989		BS 6080-1-1.1—1981	DIN IEC 60510-1—1985				
IEC 60510-1-2—1984，IDT* 卫星地面站用无线电设备的测量方法 第1部分：分系统和分系统组合通用的测量 第2节：射频范围内的测量	GB/T 11299.2—1989			DIN IEC 60510-1-2—1987				
IEC 60510-1-3—1980，IDT* 卫星地面站用无线电设备的测量方法 第1部分：分系统和分系统组合通用的测量 第3节：中频范围内的测量	GB/T 11299.3—1989		BS 6080-1-1.3—1981	DIN IEC 60510-1-3—1984				
IEC 60510-1-4—1986，IDT* 卫星地面站用无线电设备的测量方法 第1部分：分系统和分系统组合通用的测量 第4节：基带的测量	GB/T 11299.4—1989			DIN IEC 60510-1-4—1989				

国际标准	GB	ANSI	BS	DIN	NF	GOST	JIS	KS
IEC 60510-2-1—1978，IDT* 卫星地面站用无线电设备的测量方法 第 2 部分：分系统测量 第 1 节：总则 第 2 节：天线（包括馈线网络）	GB/T 11299.6—1989		BS 6080-2.1—1981	DIN IEC 60510-2-1—1984				
IEC 60510-3-1—1981，IDT* 卫星地面站用无线电设备的测量方法 第 3 部分：分系统组合测量方法 第 1 节：总则	GB/T 11299.11—1989			DIN IEC 60510-3-1—1986				
IEC 60510-3-2—1980，IDT* 卫星地面站用无线电设备的测量方法 第 3 部分：分系统组合测量方法 第 2 节：频率范围为 4 ~ 6GHz 的接收系统品质因数（G/T）的测量	GB/T 11299.12—1989		BS 6080-3-3.2—1982	DIN IEC 60510-3-2—1985				
IEC 61558-2-5—2010，IDT* 变压器、反应器、供电机组及其组合的安全性．第 2-5 部分：剃须刀变压器和其电源装置的试验和详细要求	GB/T 19212.6—2013		BS EN 61558-2-5—2010	DIN EN 61558-2-5—2011	NF C52-558-2-5—2011			KS C IEC 61558-2-5—2017

续表

国际标准	GB	ANSI	BS	DIN	NF	GOST	JIS	KS
IEC 61558-2-9—2010，IDT* 电力变压器、反应器、供电机组及其组合的安全性．第2-9部分：Ⅲ类手用钨丝灯变压器和供电机组的详细要求和试验	GB/T 19212.10—2014		BS EN 61558-2-9—2011	DIN EN 61558-2-9—2011	NF C52-558-2-9—2011			KS C IEC 61558-2-9—2017

6.3.2 GB以其他方式采用IEC标准的详细分析

中国GB也以修改采用MOD和非等效采用NEQ的方式采用了油气管道相关的IEC标准，按类别可以分为光纤、测量与控制、变压器互感器和其他，以下是分类的比较情况。

GB以其他方式采用的光纤方面的IEC标准共13项，12项为修改采用MOD方式，见表46。在采用时间上，1项在2年内被采用，5项在3~6年之间被采用，4项在IEC发布的第7年被采用，其他都在8年后采用，总体采用时间呈现滞后的状态。

表46 GB以其他方式采用的光纤方面的IEC标准

国际标准	GB
IEC 60793-1-1—2017，MOD* 光纤．第1-1部分：测量方法和试验程序．总则和指南	GB/T 15972.10—2021
IEC 60793-1-20—2014，MOD* 光纤．第1-20部分：测量方法和试验规程 纤维几何结构	GB/T 15972.20—2021
IEC 60793-1-21—2001，MOD* 光纤．第1-21部分：测量方法和试验规程 被覆层几何结构	GB/T 15972.21—2008
IEC 60793-1-22—2001，MOD* 光纤．第1-22部分：测量方法和试验规程 长度测量	GB/T 15972.22—2008
IEC 60793-1-30—2010，MOD* 光纤．第1-30部分：测量方法和试验规程．纤维验证试验	GB/T 15972.30—2021
IEC 60793-1-41—2010，MOD* 光纤．第1-41部分：测量方法和试验规程．频带宽度	GB/T 15972.41—2021
IEC 60793-1-42—2013，MOD* 光纤．第1-42部分：测量方法和试验规程．色散	GB/T 15972.42—2021
IEC 60793-1-43—2015，MOD* 光纤．第1-43部分：测量方法．数值孔径测量	GB/T 15972.43—2021
IEC 60793-1-44—2011，MOD* 光纤．第1-44部分：测量方法和试验规程．截止波长	GB/T 15972.44—2017
IEC 60793-1-45—2017，MOD* 光纤．第1-45部分：测量方法和试验规程．模场直径	GB/T 15972.45—2021
IEC 60793-1-46—2001，MOD* 光纤．第1-46部分：测量方法和试验规程 光透射比变化的监测	GB/T 15972.46—2008
IEC 60793-2-60—2008，NEQ* 光纤．第2-60部分：产品规范．C型单模内连接光纤用分规范	GB/T 31242—2014
IEC 60794-3-11—2010，MOD* 光缆．第3-11部分：户外光缆．管道和直埋单模光纤远程通信光缆用详细规范	GB/T 29233—2012

GB 采用的测量与控制方面的 IEC 标准共 2 项，均以 MOD 方式采用，见表 47。在采用时间上，1 项在 IEC 发布的 2 年内采用，1 项在 5 年内被采用，总体采用时间较为及时。

表 47　GB 以其他方式采用的测量与控制方面的 IEC 标准

国际标准	GB
IEC 60794-3-11—2010，MOD* 光缆．第 3-11 部分：户外光缆．管道和直埋单模光纤远程通信光缆用详细规范	GB/T 29233—2012
IEC 61514-2—2013，MOD* 工业过程控制系统．第 2 部分：气动输出智能阀门定位器性能的评估方法	GB/T 22137.2—2018

GB 以其他方式采用的其他方面的 IEC 标准共 19 项，其中 13 项为变压器互感器类，见表 48。在采用方式上，18 项采用修改采用 MOD 方式，1 项采用非等效采用 NEQ 方式。

在采用时间上，5 项在 IEC 发布的 3 年以内被采用，5 项第 4~5 年被采用，8 项 6~12 年被采用，总体采用时间较晚。

表 48　GB 以其他方式采用的其他方面的 IEC 标准

国际标准	GB
IEC 60050-421—1990，NEQ* 国际电工词汇 第 421 章：电力变压器和电抗器	GB/T 2900.15—1997
IEC 60050-725—1994，MOD* 国际电工词汇 第 725 章：空间无线电通信	GB/T 14733.6—2005
IEC 60076-1—2011，MOD* 电力变压器．第 1 部分：总则	GB/T 1094.1—2013
IEC 60076-12—2008，MOD* 电力变压器．第 12 部分：干型电力变压器用负荷指南	GB/T 1094.12—2013
IEC 60076-2—2011，MOD* 电力变压器．第 2 部分：液浸变压器的温升	GB/T 1094.2—2013
IEC 60076-3—2013，MOD* 电力变压器．第 3 部分：绝缘水平、电介质试验和空气中的外间隙	GB/T 1094.3—2017
IEC 60076-4—2002，MOD* 电力变压器．第 4 部分：闪电脉冲和开关脉冲试验指南．电力变压器和反应器	GB/T 1094.4—2005
IEC 60076-5—2006，MOD* 电力变压器 第 5 部分：承受短路的能力	GB/T 1094.5—2008
IEC 60079-32-2—2015，MOD* 爆炸性环境．第 32-2 部分：机电危害．试验	GB/T 3836.27—2019
IEC 61050—1991，MOD* 空载输出电压超过 1000V 的管形放电灯用变压器（通称霓虹灯变压器）一般要求和安全要求	GB/T 19149—2003
IEC 61558-2-12—2011，MOD* 电力变压器，电源装置及类似设备的安全性．第 2-12 部分：恒压用恒变压器和供电机组的试验和详细要求	GB/T 19212.13—2019
IEC 61558-2-15—2011，MOD* 变压器，电抗器，电源装置，及其组合装置的安全性．第 2-15 部分：医疗定位件供电用隔离变压器的特殊要求和测试	GB/T 19212.16—2017
IEC 61558-2-23—2010，MOD* 变压器、反应器、供电机组及其它们的组合的安全性．第 2-23 部分：建筑工地用变压器和供电机组的试验和详细要求	GB/T 19212.24—2020
IEC 61558-2-3—2010，MOD* 变压器、反应器、供电机组和其组合产品安全性．第 2-3 部分：气体燃烧器和燃油器用点火变压器试验和详细要求	GB/T 19212.4—2016
IEC 61558-2-8—2010，MOD* 变压器、反应器、供电机组及其组合的安全性．第 2-8 部分：变压器和供电机组的详细要求和试验	GB/T 19212.9—2016

续表

国际标准	GB
IEC 62599-2—2010，MOD* 报警系统 . 第 2 部分：电磁兼容性 . 火警和安全报警系统元件的抗扰度要求	GB/T 30148—2013
IEC 62642-5-3—2010，MOD* 报警系统 . 入侵和拦截系统 . 第 5-3 部分：互联 . 使用无线电频率技术设备的要求	GB/T 31132—2014
IEC/TS 60079-32-1—2013，MOD* 爆炸性气体环境 . 第 32-1 部分：静电危害 . 导则	GB/T 3836.26—2019
IEC/TS 60079-40—2015，MOD* 爆炸性大气环境 . 第 40 部分：易燃或可燃过程液体和电气系统间的过程密封要求	GB/T 3836.25—2019

根据上述几个表可以发现，GB 在采用 IEC 国际标准方面，在采用 IDT 模式的同时，同样大量地采用了 MOD 方式，此外 NEQ 也有所涉及。

在采用时间上，GB 的采用时间仍有 2~11 年的滞后性，且较多的项目滞后时间较长，此外，对于卫星通信、光纤等高新技术的标准，只有中国采用了相关标准，而国外其他国家并未采用，这值得进行深入研究。

6.4 ISO/TC67/SC2 发布的国际标准被采用情况分析

ISO/TC67/SC2 管道输送分委会共发布标准 29 项（含 1 项修改件），对这些标准被各国标准采用的情况进行数据整理，被采用的情况见表 49，中国 GB 采用的标准情况见表 50。

表 49　ISO/TC67/SC2 发布的国际标准采用情况

ISO 标准	GB	ANSI	BS	DIN	NF	GOST	JIS	KS
ISO 3183—2019，IDT* 石油和天然气工业 . 管道输送系统用钢管			BS EN ISO 3183—2019	DIN EN ISO 3183—2020	NF A49-404—2019			
ISO 12490—2011，IDT* 石油和天然气工业 . 管道阀门制动器和安装套件的机械完整性和尺寸		ANSI/API 6DX-201—2011	BS ISO 12490—2011					
ISO 12736—2014，IDT* 石油和天然气工业 . 管道，采气管线，设备和海底结构的湿热隔离层			BS EN ISO 12736—2015	DIN EN ISO 12736—2015	NF A49-722—2015			

续表

ISO 标准	GB	ANSI	BS	DIN	NF	GOST	JIS	KS
ISO/TS 12747—2011，IDT* 石油和天然气工业. 管道输送系统. 延长管道寿命的推荐规程	GB/T 31468—2015		BS PD CEN ISO/TS 12747—2013	DIN CEN ISO/TS 12747—2013				
ISO 13623—2017 IDT* 石油和天然气工业管道输送系统					NF M88-284—2018			
ISO 13623—2017 MOD* 石油天然气工业管道输送系统	GB/T 24259 处于修订中（GB/T 24259-2009 采用作废标准 ISO 13623—2000）							
ISO 13847—2013 石油和天然气工业. 管道输送系统. 管道焊接								
ISO 14313—2007，IDT* 石油和天然气工业. 管道输送系统. 管道阀门		ANSI/API SPEC 6D—2008						
ISO 14313—2007，MOD* 石油和天然气工业. 管道输送系统. 管道阀门	GB/T 20173—2013							
ISO 14723—2009，IDT* 石油和天然气工业. 管道输送系统. 海底管道阀门		ANSI/API SPEC 6DSS—2009	BS EN ISO 14723—2009	DIN EN ISO 14723—2009	NF M87-238—2012			

续表

ISO 标准	GB	ANSI	BS	DIN	NF	GOST	JIS	KS
ISO 15589-1—2015，IDT* 石油，石化和天然气工业．管道输送系统的阴极保护．第 1 部分：陆上管道			BS EN ISO 15589-1—2018	DIN EN ISO 15589-1—2019	NF A09-617-1—2017			
ISO 15589-2—2012，IDT* 石油和天然气工业．管道输送系统的阴极保护．第 2 部分：近海管道			BS EN ISO 15589-2—2014	DIN EN ISO 15589-2—2014	NF A09-617-2—2014			
ISO 15589-2—2012，MOD* 石油和天然气工业．管道输送系统的阴极保护．第 2 部分：近海管道		ANSI/ NACE SP 0115—2015						
ISO 15590-1—2018，IDT* 石油和天然气工业．管道输送系统用工厂预制弯管、管件和法兰．第 1 部分：热煨弯管			BS ISO 15590-1—2018					
ISO 15590-1—2018，MOD* 石油和天然气工业．管道输送系统用工厂预制弯管、管件和法兰．第 1 部分：热煨弯管	GB/T 29168.1—2021							
ISO 15590-2—2021，IDT* 石油和天然气工业．管道输送系统用工厂预制弯管、管件和法兰．第 2 部分：管件			BS ISO 15590-2—2021					

续表

ISO 标准	GB	ANSI	BS	DIN	NF	GOST	JIS	KS
ISO 15590-2—2021，MOD* 石油和天然气工业 . 管道输送系统用工厂预制弯管、管件和法兰 . 第 2 部分：管件	GB/T 29168.2—2012（采用作废标准 ISO 15590-2：2003）							
ISO 15590-3—2022，IDT* 石油和天然气工业 . 管道输送系统用工厂预制弯管、管件和法兰 . 第 3 部分：法兰			BS ISO 15590—3：2022					KS B ISO 15590-3—2006（采用的作废标准 ISO 15590-3—2004）
ISO 15590-3—2022，MOD* 石油和天然气工业 . 管道输送系统用工厂预制弯管、管件和法兰 . 第 3 部分：法兰	GB/T 29168.3—2012（采用的作废标准 ISO 15590-3—2004）							
ISO 15590-4—2019，IDT* 石油天然气工业 . 管道输送系统用工厂预制弯管，管件和法兰 . 第 4 部分：工厂冷弯管			BS ISO 15590-4—2019					
ISO 16440—2016，IDT* 石油和天然气工业 . 管道输送系统 . 钢套管管道的设计，施工和维护			BS EN ISO 16440—2016	DIN EN ISO 16440—2017	NF M88-283—2018			
ISO 16708—2006，IDT* 石油和天然气工业 . 管道输送系统 . 基于可靠性的极限状态方法	GB/T 29167—2012		BS EN ISO 16708—2006	DIN EN ISO 16708—2006	NF M87-246—2007			

续表

ISO 标准	GB	ANSI	BS	DIN	NF	GOST	JIS	KS
ISO 19345-1—2019，IDT* 石油和天然气工业 管道输送系统 管道完整性管理规范 第1部分：陆上管道全生命周期完整性管理					NF M88-285—2020			
ISO 19345-2—2019，IDT* 石油和天然气工业 管道输送系统 管道完整性管理规范 第2部分：近海管道全生命周期完整性管理			BS EN ISO 19345-2—2019	DIN EN ISO 19345-2—2019	NF M88-286—2019			
ISO 20074—2019，IDT* 石油和天然气工业 管道输送系统 陆上管道地质灾害风险管理			BS EN ISO 20074—2019	DIN EN ISO 20074—2020	NF M87-299—2019			
ISO 21329—2004，IDT* 石油和天然气工业.管道输送系统.机械连接器测试程序			BS EN ISO 21329-2004	DIN EN ISO 21329-2005	NF M87-267—2005			
ISO 21809-1—2018，IDT* 石油和天然气工业.管道输送系统用埋地或水下管道外涂层 第1部分：聚烯烃涂层（3PE 和 3PP）			BS EN ISO 21809-1—2018	DIN EN ISO 21809-1—2020	NF A49-721-1—2018			
ISO 21809-2—2014，IDT* 石油和天然气工业 管道输送系统用埋地或水下管道的外涂层 第2部分：单层熔结环氧涂层			BS EN ISO 21809-2—2014	DIN EN ISO 21809-2—2015	NF A49-721-2—2014			

续表

ISO 标准	GB	ANSI	BS	DIN	NF	GOST	JIS	KS
ISO 21809-3—2016，IDT* 石油和天然气工业 管道输送系统用埋地或水下管道的外涂层 第 3 部分：现场补口涂层			BS EN ISO 21809-3—2016	DIN EN ISO 21809-3—2020	NF A49-721-3—2016			
ISO 21809-4—2009，IDT* 石油和天然气工业 管道输送系统用埋地或水下管道的外涂层 第 4 部分：聚乙烯涂层（双层聚乙烯）			BS ISO 21809-4—2010					
ISO 21809-5—2017，IDT* 石油和天然气工业 管道输送系统用埋地或水下管道的外涂层 第 5 部分：外部混凝土涂层			BS EN ISO 21809-5—2017	DIN EN ISO 21809-5—2019	NF A49-721-5—2017			
ISO 21809-11—2019，IDT* 石油和天然气工业 管道输送系统用埋地或水下管道的外涂层 第 11 部分：现场施工、涂层修补和修复用涂层			BS ISO 21809-11—2019		NF A49-721-11—2020			
ISO 21857—2021，IDT* 石油、石化和天然气工业．受杂散电流影响管道系统的腐蚀防护			BS EN ISO 21857—2021	DIN EN ISO 21857—2021	NF M87-360—2021			

表 50 我国 GB 采用 ISO/TC67/SC2 发布的国际标准的情况

ISO 标准	GB	ANSI	BS	DIN	NF	GOST	JIS	KS
ISO/TS 12747—2011，IDT* 石油和天然气工业．管道输送系统．延长管道寿命的推荐规程	GB/T 31468—2015		BS PD CEN ISO/TS 12747—2013	DIN CEN ISO/TS 12747—2013				
ISO 13623—2017 IDT* 石油和天然气工业管道输送系统					NF M88-284—2018			
ISO 13623—2017 MOD* 石油天然气工业管道输送系统	GB/T 24259 处于修订中（GB/T 24259—2009 采用作废标准 ISO 13623—2000）							
ISO 14313—2007，IDT* 石油和天然气工业．管道运输系统．管道阀门		ANSI/API SPEC 6D—2008						
ISO 14313—2007，MOD* 石油和天然气工业．管道运输系统．管道阀门	GB/T 20173—2013							
ISO 15590-1—2018，IDT* 石油和天然气工业．管道输送系统用工厂预制弯管、管件和法兰．第 1 部分：热煨弯管			BS ISO 15590-1—2018					

续表

ISO 标准	GB	ANSI	BS	DIN	NF	GOST	JIS	KS
ISO 15590-1—2018，MOD* 石油和天然气工业．管道输送系统用工厂预制弯管、管件和法兰．第 1 部分：热煨弯管	GB/T 29168.1—2021							
ISO 15590-2—2021，IDT* 石油和天然气工业．管道输送系统用工厂预制弯管、管件和法兰．第 2 部分：管件			BS ISO 15590-2—2021					
ISO 15590-2—2021，MOD* 石油和天然气工业．管道输送系统用工厂预制弯管、管件和法兰．第 2 部分：管件	GB/T 29168.2—2012（采用作废标准 ISO 15590—2：2003）							
ISO 15590-3—2022，IDT* 石油和天然气工业．管道输送系统用工厂预制弯管、管件和法兰．第 3 部分：法兰			BS ISO 15590—3：2022					KS B ISO 15590-3—2006（采用的作废标准 ISO 15590-3—2004）
ISO 15590-3—2022，MOD* 石油和天然气工业．管道输送系统用工厂预制弯管、管件和法兰．第 3 部分：法兰	GB/T 29168.3—2012（采用的作废标准 ISO 15590-3—2004）							

续表

ISO 标准	GB	ANSI	BS	DIN	NF	GOST	JIS	KS
ISO 16708—2006，IDT* 石油和天然气工业．管道输送系统．基于可靠性的极限状态方法	GB/T 29167—2012		BS EN ISO 16708—2006	DIN EN ISO 16708—2006	NF M87-246—2007			

从表 49 可以发现，“ISO 13847—2013 石油和天然气工业．管道输送系统．管道焊接”这项标准没有被任何国家采用，欧洲国家的 BS、DIN 和 NF 的采用的标准比较多，美国 ANSI 采用 5 项标准，韩国 KS 采用 1 项标准，俄罗斯 GOST 和日本 JIS 均没有采用 1 项标准，我国采用了 7 项标准。

其中，我国以修改采用方式对“ISO 15590-1—2018 石油和天然气工业．管道输送系统用工厂预制弯管、管件和法兰．第 1 部分：热煨弯管”的采用比较及时，于 2021 年发布“GB/T 29168.1—2021”，该项国际标准只有我国采用。

其余只被 1 个国家采用的国际标准包括：

“ISO 15590-4—2019 石油天然气工业．管道输送系统用工厂预制弯管，管件和法兰．第 4 部分：工厂冷弯管”，英国 IDT 方式采用为“BS ISO 15590-4—2019”；

“ISO 19345-1—2019 石油和天然气工业 管道输送系统 管道完整性管理规范 第 1 部分：陆上管道全生命周期完整性管理”，法国 IDT 方式采用为“NF M88-285-2020”；

“ISO 21809-4-2009，IDT* 石油和天然气工业 管道输送系统用埋地或水下管道的外涂层 第 4 部分：聚乙烯涂层（双层聚乙烯）”，英国以 IDT 方式采用为“BS ISO 21809-4—2010”。

6.5 小 结

本章从采标率、采用程度、采标及时性、年度采标量等方面对油气管道国际标准的采用情况进行分析研究，对比分析了我国 GB、美国 ANSI、德国 DIN、英国 BSI、法国 NF、俄罗斯 GOST、日本 JIS、韩国 KS 等国家采用 ISO 和 IEC 油气管道标准的情况，并从多个角度对我国 GB 采用 ISO 和 IEC 国际标准情况进行详细分析，包括以 IDT 方式采用的 ISO 和 IEC 标准、以其他方式采用的 ISO 和 IEC 标准，并对 ISO/TC67/SC2 管道输送分委会发布的国际标准采用情况进行了分析。

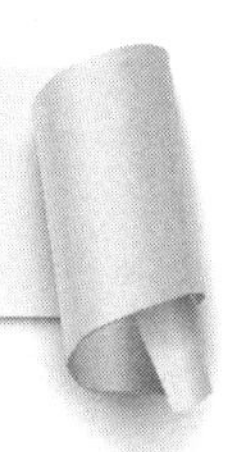

第 7 章　油气管道相关重点领域标准的发展分析

液化天然气、储备设施、二氧化碳、氢气输送、智慧管道等是油气管道相关的非常重要的领域，本章对这几个领域的标准发展情况进行分析。

7.1 液化天然气（LNG）标准的发展

7.1.1　标准数量的分布

液化天然气（LNG）领域标准数据中包括 ISO、API、ASTM 共 3 个标准机构制定发布的标准，共 37 项，ISO 制定的标准最多（28 项），ASTM（7 项）次之，最后是 API（2 项），IEC、ASME、NACE 都未制定 LNG 方面的标准，见图 25。

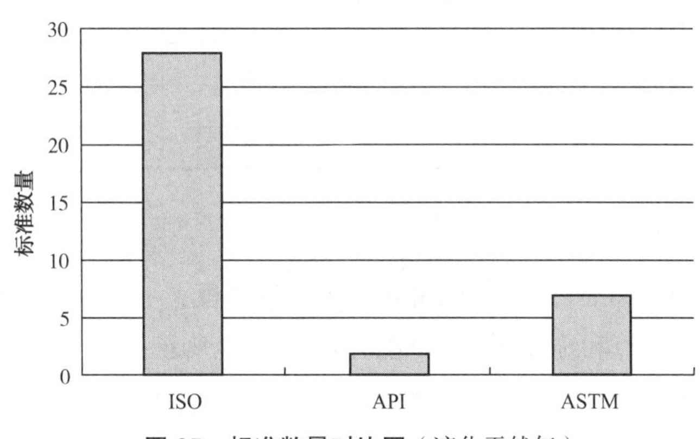

图 25　标准数量对比图（液化天然气）

7.1.2　标准的发布年代分布

对所有现行标准的发布年代进行统计分析，按年度统计标准数量，标准发布年代分布如图 26 所示，统计结果如表 51 所示。

由图 26 可以看出，现行标准中只有 1 项是 1993 年发布的，其余都是在 2005 年之后发布的，从 2010 年之后，标准数量开始增多，呈现阶段式上升趋势，2015 年、2018 年、2019 年、2020 年和 2021 年都是标准制定的高峰年。

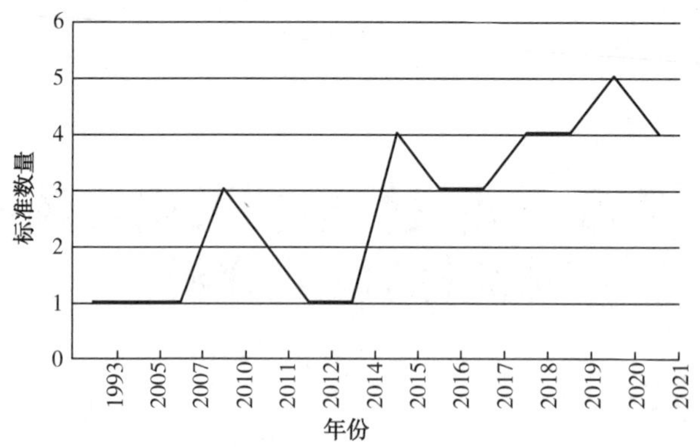

图 26　标准发布年代分布（液化天然气）

由表 51 可以看出具体的数据情况。1993 年、2005 年和 2007 年各制定 1 项标准，2020 年制定的标准数量最多，占 13.51%。由此，可以看出，大多数标准都是 2015 年以后制定发布的。

表 51　年度标准数量表（液化天然气）

发布年份	数量	百分比	发布年份	数量	百分比
1993	1	2.70%	2015	4	10.81%
2005	1	2.70%	2016	3	8.11%
2007	1	2.70%	2017	3	8.11%
2010	3	8.11%	2018	4	10.81%
2011	2	5.41%	2019	4	10.81%
2012	1	2.70%	2020	5	13.51%
2014	1	2.70%	2021	4	10.81%
			总计	37	100%

7.1.3　标准的标龄分布

标准的标龄指现行标准自发布至废止期间的时间长度，一般以年为单位计算。对所有现行标准的标龄进行计算和统计分析，标龄分布如图 27 所示。

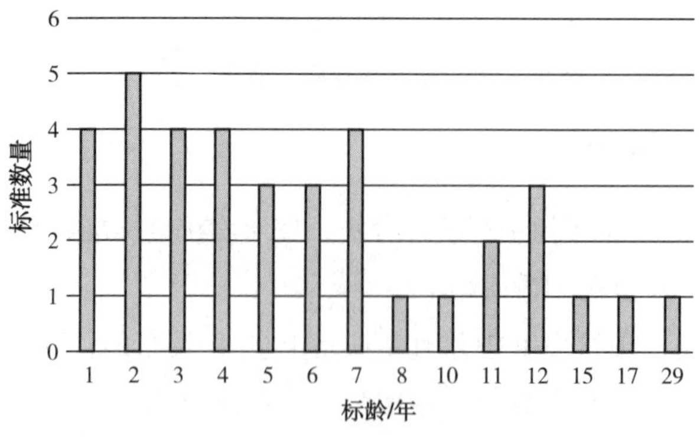

图 27　标准的标龄分布图（液化天然气）

由图 27 可以看出，标龄在 5 年之内的标准有 20 项，占标准总数的 54.06%。标龄为 6~10 年的标准有 9 项，占 24.32%。标龄在 10 年以上的标准有 8 项，占 21.62%。从具体标准来看，1993 的标准为 ASTM 制定的标准“ASTM D4784—1993 LNG 密度计算模型的标准规范”，该标准在 2015 年被确认有效。

7.1.4 标准的制修订情况分析

通过对所有现行标准是否有被代替标准的统计分析，在现行的 37 项标准中，有 28 项标准是新制定的标准，占标准总数的 76%，修订标准有 9 项，占标准总数的 24%，如图 28 所示。制定标准数量是修订标准数量的 3 倍多。

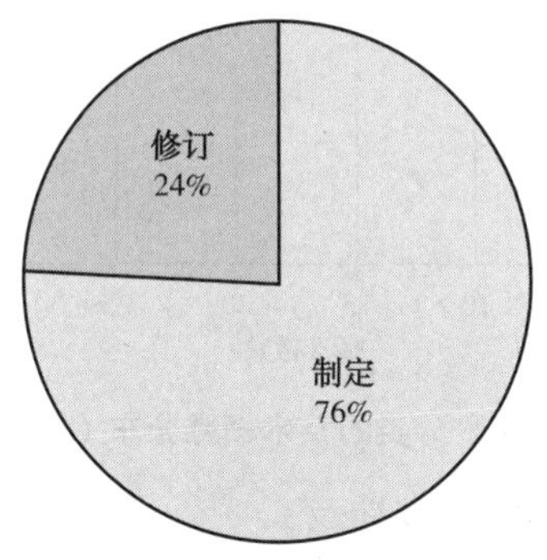

图 28 标准制修订数量对比图（液化天然气）

为了解年度标准的制修订情况，对标准制修订情况进行了统计，统计结果见图 29。

从图 29 可以看出，总体来说，除 2015 年、2017 年、2021 年同时有制定标准和修订标准外，在 1993 年、2010 年、2012 年、2014 年、2016 年、2018 年、2019 年和 2020 年都是在制定标准中，只有 2005 年、2007 年和 2011 年是修订标准。由此可知，液化天然气标准始终处在不断发展过程中，新的标准需求较多，特别是 2018~2020 年制定发布标准 13 项，占 35.14%。

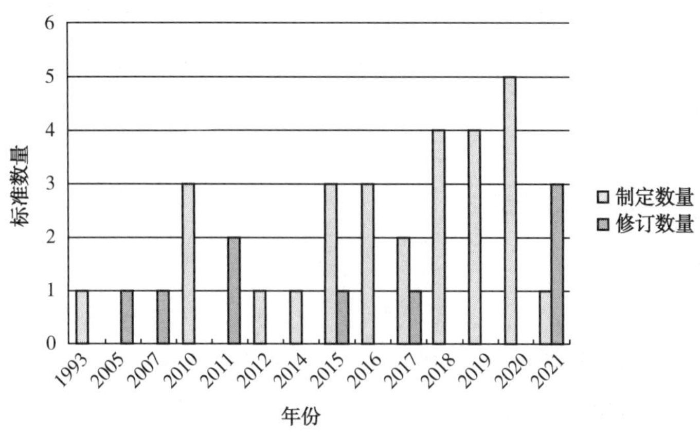

图 29 年度标准制修订数量对比图（液化天然气）

7.1.5 标准的技术领域分布

由于本书选定的标准涉及领域较广，所以按照 ICS 大类分类统计各个技术领域的标准数量。按 ICS 分类统计的结果如图 30 所示。

可以看到，绝大多数标准都属于“75 石油及相关技术”领域。除此之外还有“47 造船和海上构筑物”“23 流体系统与通用件”“83 橡胶和塑料工业”“43 道路车辆工程”。

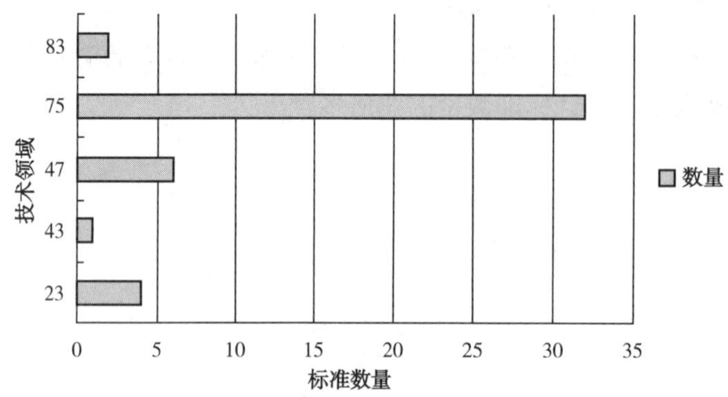

图 30 按 ICS 分类的技术领域分布（液化天然气）

从标准名称来看，液化天然气标准涉及：

检测方法，如“ASTM D7940—2021 使用光纤耦合拉曼光谱法分析液化天然气（LNG）的标准实施规程”；

液化天然气设备，如“ISO 20257-1—2020 液化天然气的设施和设备 浮动液化天然气（LNG）设施的设计 第 1 部分：一般要求”“ISO 20257-2—2021 液化天然气的设施和设备 浮动液化天然气（LNG）设施的设计 第 2 部分：特殊的 FSRU 问题”；

液化天然气船相关技术，如“ISO 16904—2016 石油和天然气工业 用于常规沿岸码头的液化天然气船用输送臂的设计和试验”；

液化天然气站，如“ISO 16924—2016 天然气燃料供应站 燃料车辆的 LNG 站”；

液化天然气输送，如“ISO 27127—2021 液化石油气和液化天然气输送用热塑性多层（非硫化）软管和软管组件规范”。

7.2 储备设施标准的发展

7.2.1 标准数量的分布

储备设施领域的标准包括 ISO、API、ASTM、NACE 共 4 个标准机构制定发布的标准，共 67 项，API 制定的标准最多（43 项），ISO（12 项）次之，然后是 ASTM 标准（7 项），数量最少的是 NACE 标准（5 项）。IEC、ASME 未制定储备设施方面的标准，见图 31。

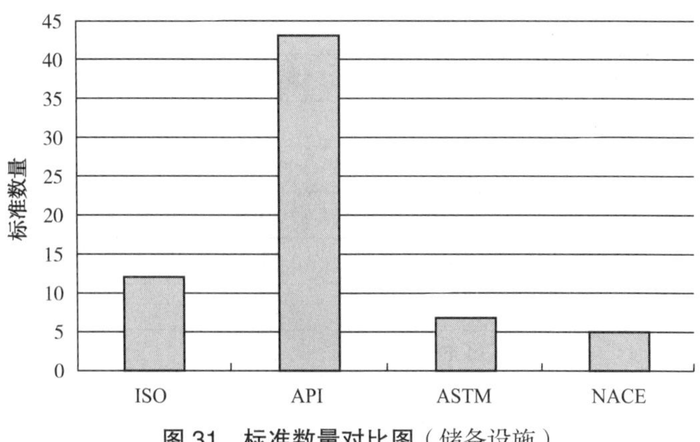

图 31 标准数量对比图（储备设施）

7.2.2 标准的发布年代分布

对所有现行标准的发布年代进行统计分析，按年度统计标准数量，标准发布年代分布如图 32 所示，统计结果如表 52 所示。

由图 32 可以看出，储备设施标准跨度从 1991 开始至 2021 年共 31 年，呈现阶段式上升趋势，没有显著的标准发布高峰年，发布数量最多的是 2002 年，发布 6 项标准，2021 年也只发布 5 项标准。年代最早的标准是 API 发布的 2 项标准，分别是“API PUBL 301—1991 地上储罐调查”“API PUBL 306—1991 地上储罐泄漏检测容积法的工程评价”。

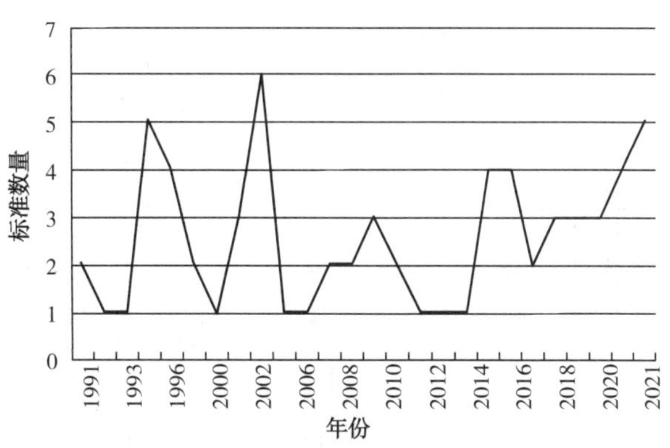

图 32 标准发布年代分布图（储备设施）

由表 52 可以看出具体的数据情况。2000 之前共发布 15 项标准，占 22%。

表 52 年度标准数量表（储备设施）

发布年份	数量	百分比	发布年份	数量	百分比
1991	2	2.98%	2009	3	4.48%
1992	1	1.49%	2010	2	2.99%
1993	1	1.49%	2011	1	1.49%
1994	5	7.46%	2012	1	1.49%

续表

发布年份	数量	百分比	发布年份	数量	百分比
1996	4	5.97%	2013	1	1.49%
1998	2	2.99%	2014	4	5.97%
2000	1	1.49%	2015	4	5.97%
2001	3	4.48%	2016	2	2.98%
2002	6	8.95%	2017	3	4.48%
2004	1	1.49%	2018	3	4.48%
2006	1	1.49%	2019	3	4.48%
2007	2	2.99%	2020	4	5.98%
2008	2	2.99%	2021	5	7.46%
			总计	67	100.00%

7.2.3 标准的标龄分布

标准的标龄指现行标准自发布至废止期间的时间长度，一般以年为单位计算。对所有现行标准的标龄进行计算和统计分析，标龄分布图如图 33 所示。

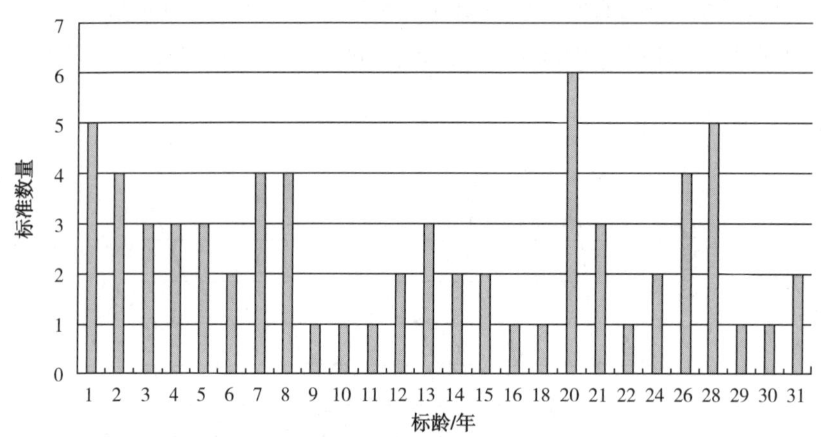

图 33 标准的标龄分布图（储备设施）

由图 33 可以看出，标龄在 5 年之内的标准共 18 项，占 27%。标龄为 6~10 年的标准的有 12 项，占 18%。标龄在 11~20 年的标准有 18 项，占 27%。标龄在 20 年以上的标准有 19 项，占 28%。所以，储备设施标准总体来看发展平稳。

7.2.4 标准的制修订情况分析

通过对所有现行标准是否有被代替标准的统计分析，在现行的 67 项标准中，有 29 项标准是新制定的标准，占标准总数的 43%，修订标准有 38 项，占标准总数的 57%，如图 34 所示。制定标准数量略少于修订标准数量。

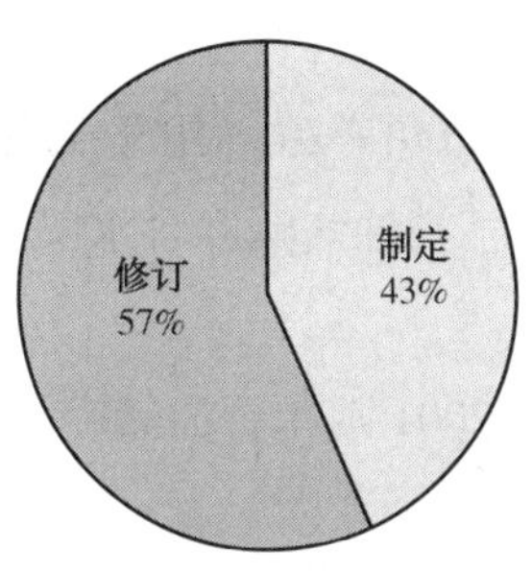

图 34 标准制修订数量对比图（储备设施）

为了解年度标准的制修订情况，对自 2012 年 10 年来每年的标准制修订情况进行了统计，统计结果见图 35。从图 35 可以看出，总体来说，近 5 年来，也是修订标准较多，2018 年、2020 年和 2021 年均为修订标准，说明储备设施标准还在不断更新中，新的标准需求较少。

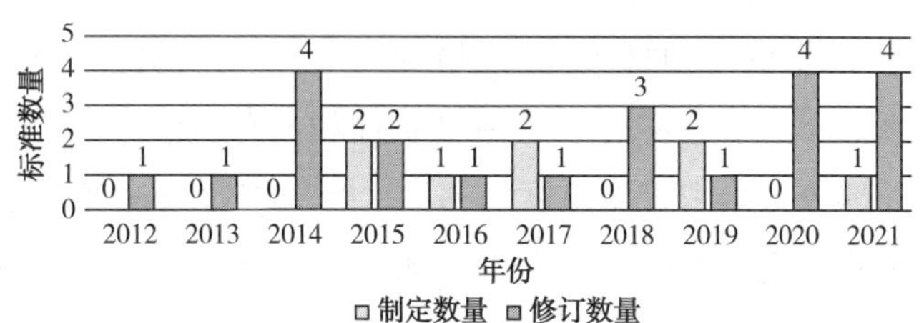

图 35 年度标准制修订数量对比图（储备设施）

7.2.5 标准的技术领域分布

由于本书选定的标准涉及领域较广，所以按照 ICS 大类分类统计各个技术领域的标准数量。按 ICS 分类统计的结果如图 36 所示。

由图 36 可以看出，绝大多数标准都属于“75 石油及相关技术”领域。除此之外还有“23 流体系统与通用件”“91 建筑材料和建筑物”“71 化工技术”等。

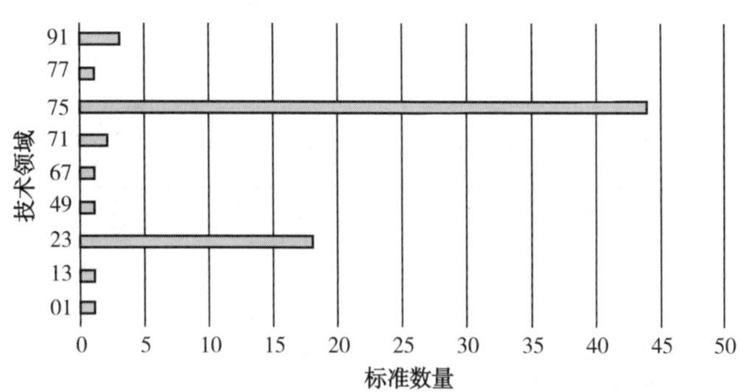

图 36 按 ICS 分类的技术领域分布（储备设施）

从标准名称的内容来看，储备设施标准只有 2 项为储备设施的标准，大多数为储罐的标准，涉及储罐的检测、安装、安全、设计、施工、焊接、检查、修理、清洗、改建等。

储备设施标准包括："API RP 1170—2015 用于天然气储存的溶洞盐穴的设计和操作""API RP 1171—2015 天然气在枯竭油气藏和含水层油气藏中的功能完整性"。

储罐标准示例如下：

API 标准中的"API RP 2021—2001 常压石油储罐消防处理""API RP 575—2020 常压和低压储罐检验规程"；

NACE 标准中的"NACE SP0285—2011 采用阴极保护对地下储油罐系统的外部进行腐蚀控制"；

ISO 的 4266 系列标准："ISO 4266-1—2002 石油和液态石油产品　用自动法测定储罐中温度和液面 第 1 部分：气罐的液面测量""ISO 4266-2—2002 石油和液态石油产品　用自动法测定储罐中温度和液面 第 2 部分：船用容器的液面测量""ISO 4266-3—2002 石油和液态石油产品　用自动法测定储罐中温度和液面 第 3 部分：加压储罐的液面测量（非冷却的）""ISO 4266-4—2002 石油和液态石油产品　用自动法测定储罐中温度和液面　第 4 部分：气罐温度的测量""ISO 4266-5—2002 石油和液态石油产品　用自动法测定储罐中温度和液面　第 5 部分：船用容器温度的测量""ISO 4266-6—2002 石油和液态石油产品 用自动法测定储罐中温度和液面 第 6 部分：加压储罐温度的测量（非冷却的）"；

ASTM 标准中的"ASTM E1990—2021 操作上符合 40 CFR 280 部分规定的地下储罐系统性能评定的标准指南"。

7.3 二氧化碳标准的发展

7.3.1 标准的数量分布

二氧化碳领域的标准包括 ISO、API、ASTM、NACE 共 4 个标准机构制定发布的标准，共 67 项，ISO 制定的标准最多（36 项），ASTM（26 项）次之，然后是 API（3 项），数量最少的是 NACE（2 项）。IEC、ASME 未制定二氧化碳方面的标准，见图 37。

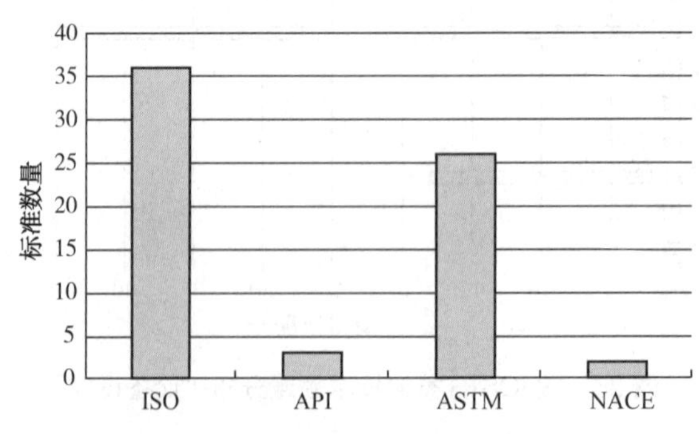

图 37　标准数据量对比图（二氧化碳）

7.3.2 标准的发布年代分布

对所有现行标准的发布年代进行统计分析，按年度统计标准数量，标准发布年代分布如图 38 所示，统计结果如表 53 所示。

由图 38 可以看出，二氧化碳标准的发布年代自 1988 年开始至今 34 年，1988 年发布的标准是 ASTM 的 2 项试验方法标准。二氧化碳标准从 2013 年之后开始间断增多，在 2016 年时达到高峰，发布了 8 项标准。

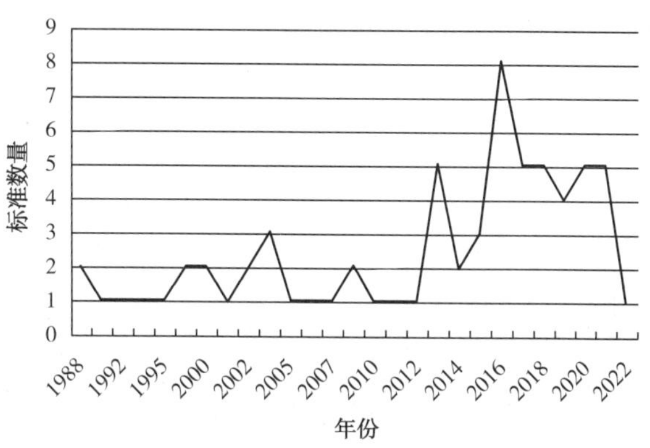

图 38 标准发布年代分布图（二氧化碳）

由表 53 可以看出具体的数据情况。2017 年、2018 年，2020 年，2021 年每年都发布 5 项标准，2022 年发布 1 项标准。由此，可以看出，大多数标准都是 2013 年以后制定发布的。

表 53 年度标准数量表（二氧化碳）

发布年份	数量	百分比	发布年份	数量	百分比
1988	2	2.99%	2010	1	1.49%
1991	1	1.49%	2011	1	1.49%
1992	1	1.49%	2012	1	1.49%
1994	1	1.49%	2013	5	7.46%
1995	1	1.49%	2014	2	2.99%
1997	2	2.99%	2015	3	4.48%
2000	2	2.99%	2016	8	11.94%
2001	1	1.46%	2017	5	7.47%
2002	2	2.99%	2018	5	7.47%
2003	3	4.48%	2019	4	5.97%
2005	1	1.49%	2020	5	7.47%
2006	1	1.49%	2021	5	7.47%
2007	1	1.49%	2022	1	1.49%

续表

发布年份	数量	百分比	发布年份	数量	百分比
2008	2	2.99%			
总计	67	100.00%			

7.3.3 标准的标龄分布

标准的标龄指现行标准自发布至废止期间的时间长度，一般以年为单位计算。对所有现行标准的标龄进行计算和统计分析，标龄分布如图 39 所示。

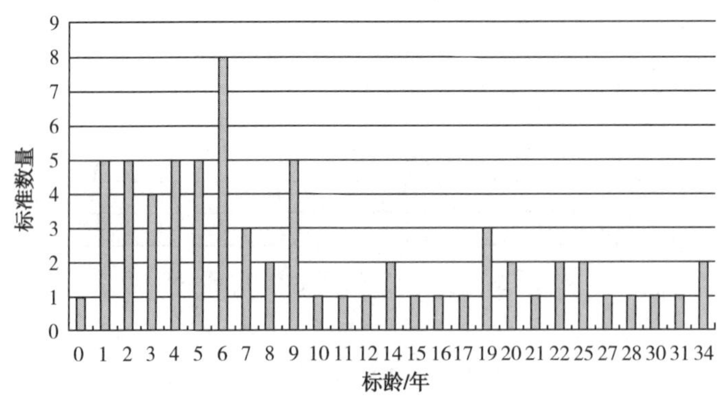

图 39　标准的标龄分布图（二氧化碳）

由图 39 可以看出，标龄在 5 年之内的标准有 25 项，占标准总数的 37%。标龄为 6~10 年的标准的有 19 项，占 28%。标龄在 10~20 年的标准有 12 项，占 18%。标龄 20 年以上的标准有 11 项，占 17%。总体来看，多数二氧化碳标准的标龄较短，但也有约 1/3 标准的标龄超过了 10 年。

7.3.4 标准的制修订情况分析

通过对所有现行标准是否有被代替标准的统计分析，在现行的 67 项标准中，有 57 项标准是新制定的标准，占标准总数的 85%，修订标准有 10 项，占标准总数的 15%，如图 40 所示。制定标准数量远大于修订标准数量。

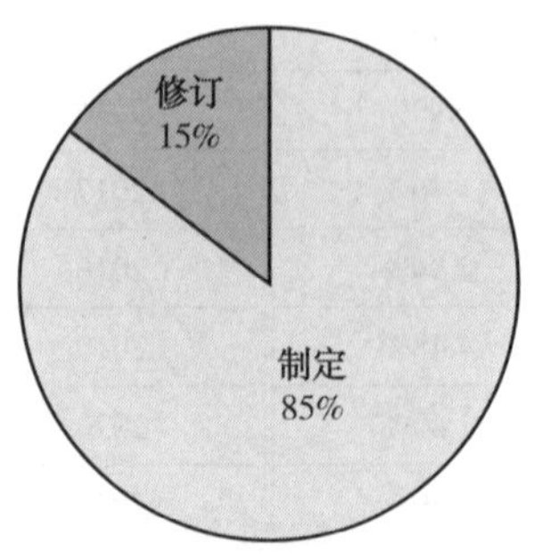

图 40　标准制修订数量对比图（二氧化碳）

为了解年度标准的制修订情况，对自 2012 年以来 10 年来每年的标准制修订情况进行了统计，统计结果见图 41。从图 41 可以看出，总体来说，除 2013 年、2014 年、2016 年、2018 年、2019 年和 2020 年有修订标准外，其他年度都是制定标准，且每年度都是制定标准多于修订标准，特别是 2021 年和 2022 年均是制定标准。可见，二氧化碳方面具有较多的标准需求，且近年需求旺盛。

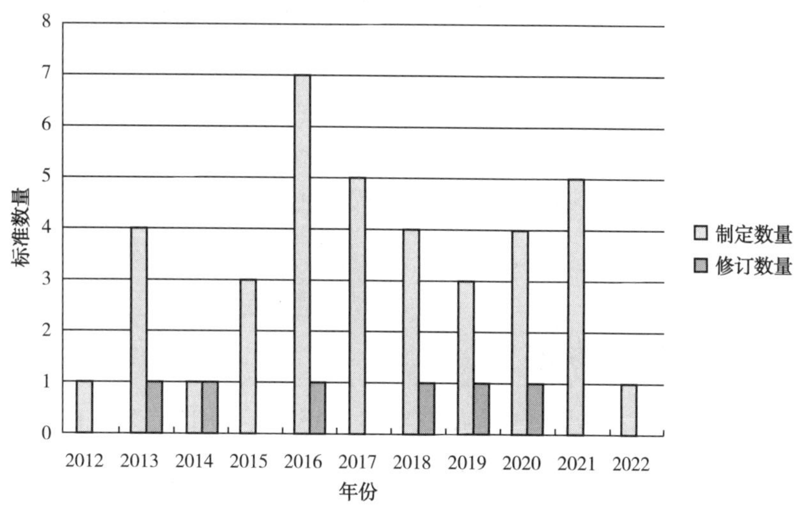

图 41　年度标准制修订数量对比图（二氧化碳）

7.3.5　标准的技术领域

由于本书选定的标准涉及领域较广，所以按照 ICS 大类分类统计各个技术领域的标准数量。按 ICS 分类统计的结果如图 42 所示。

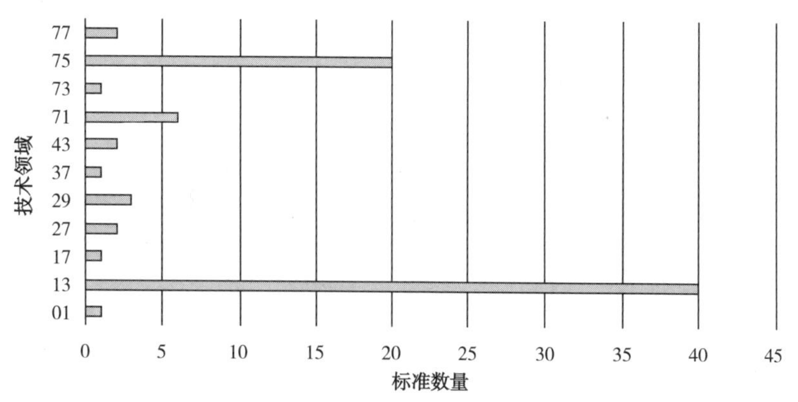

图 42　按 ICS 分类的技术领域分布（二氧化碳）

由图 42 可以看到，绝大多数标准都属于“13 环保、保健和安全”，其次是“75 石油及相关技术”领域。除此之外还有“71 化工技术”“77 冶金”“29 电气工程领域”“27 能源和热传导工程”“43 道路车辆工程”等方面的标准。

从标准名称的内容来看，二氧化碳标准涉及：

碳捕集、运输和封存，例如“ISO 27913—2016 二氧化碳捕集、运输和地质封存 管道运输系统”“ISO 27914—2017 二氧化碳捕集、运输和地质封存 地质封存”“ISO 27916—2019 二氧化碳捕集、运输和地质储存 使用提高石油采收率封存二氧化碳（CO_2-EOR）”；

石油行业碳排放，例如，“API DR 141—1991 全球石油来源二氧化碳排放量”“API PUBL 4645—1997 美国石油来源甲烷和二氧化碳排放量估算”；

腐蚀，例如“NACE TM0192—1992 二氧化碳减压环境中的弹性材料评估”“NACE TM0297—2016 高温、高压二氧化碳减压对弹性材料的影响”；

试验方法，例如“ASTM D4984—2020 使用着色长度检测管检测天然气中二氧化碳的标准试验方法”。

7.4 氢气输送标准的发展

氢气输送标准数据库中包括 ISO、IEC、API、ASME、ASTM、NACE 共 6 个标准机构制定发布的标准，本章对这些现行标准的总体情况进行分析。

7.4.1 标准的数量分布

氢气输送领域的标准包括 ISO、IEC、API、ASME、ASTM、NACE 共 6 个标准机构制定发布的标准，共 68 项。ISO 制定的标准最多（24 项），ASTM（16 项）次之，然后是 API 和 ASME，均为 10 项，IEC 7 项，NACE 只制定 1 项标准，见图 43。

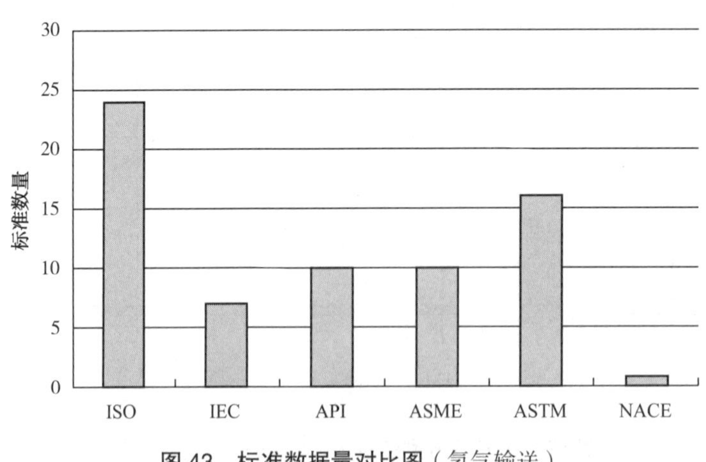

图 43 标准数据量对比图（氢气输送）

7.4.2 标准的发布年代分布

对所有现行标准的发布年代进行统计分析，按年度统计标准数量，标准发布年代分布如图 44 所示，统计结果如表 54 所示。

由图 44 可以看出，氢气输送标准从 1997 年开始至 2022 年 25 年，从 2016 年之后标准发布数量增加迅速，2017 年、2018 年和 2019 年是发布标准的高峰年，分别发布 8 项、11 项和 9 项标准。

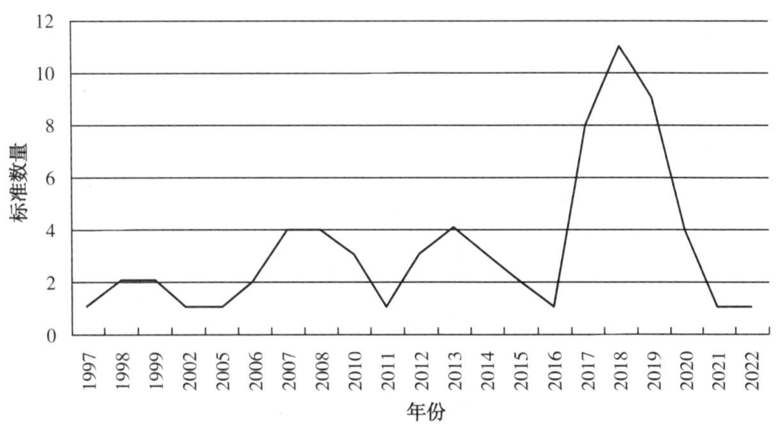

图 44　标准发布年代分布图（氢气输送）

由表 54 可以看出具体的数据情况，2018 年发布标准最多，发布了 11 项标准，占发布总数的 16.18%。

表 54　年度标准数量表（氢气输送）

发布年份	数量	百分比	发布年份	数量	百分比
1997	1	1.47%	2013	4	5.88%
1998	2	2.94%	2014	3	4.41%
1999	2	2.94%	2015	2	2.94%
2002	1	1.47%	2016	1	1.47%
2005	1	1.47%	2017	8	11.78%
2006	2	2.94%	2018	11	16.18%
2007	4	5.88%	2019	9	13.24%
2008	4	5.88%	2020	4	5.88%
2010	3	4.41%	2021	1	1.47%
2011	1	1.47%	2022	1	1.47%
2012	3	4.41%	总计	68	100.00%

7.4.3　标准的标龄分布

标准的标龄指现行标准自发布至废止期间的时间长度，一般以年为单位计算。对所有现行标准的标龄进行计算和统计分析，标龄分布如图 45 所示。

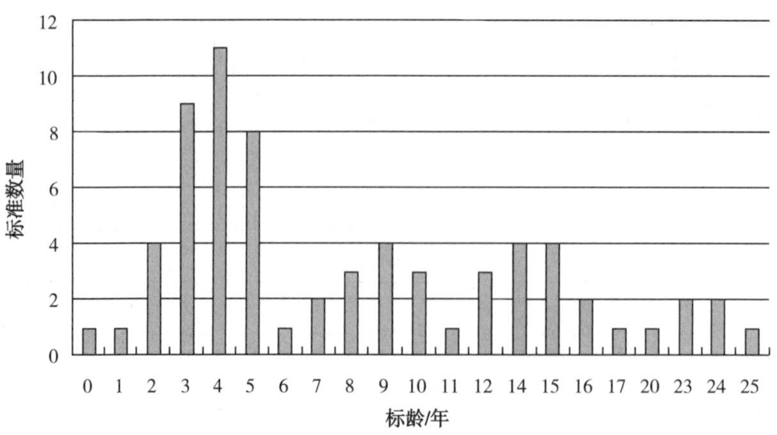

图 45 标准的标龄分布图（氢气输送）

由图 45 可以看出，标龄在 5 年之内的标准有 34 项，占标准总数的 50%。标龄为 6~10 年的标准的有 13 项，占 19%。标龄在 10 年以上的标准有 21 项，占 31%。总体来看，氢气输送的标准制定更新比较及时，半数标准标龄较短，也有约 1/3 的标准标龄超过了 10 年。

7.4.4 标准的制修订情况分析

通过对所有现行标准是否有被代替标准的统计分析，在现行的 68 项标准中，有 51 项标准是新制定的标准，占标准总数的 75%，修订标准有 17 项，占标准总量的 25%，如图 46 所示。制定标准数量是修订标准数量的 3 倍。

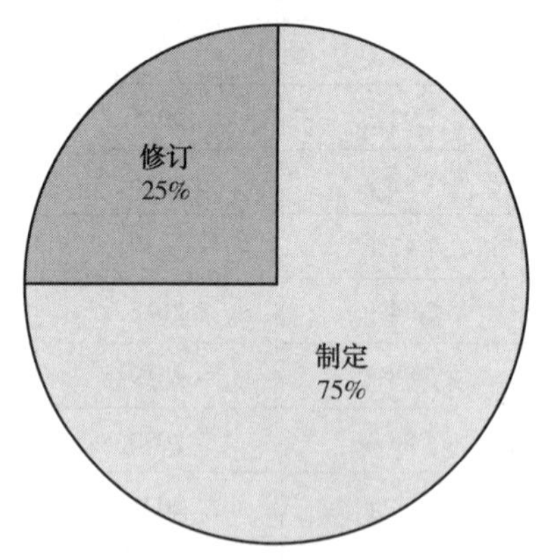

图 46 标准制修订数量对比图（氢气输送）

为了解年度标准的制修订情况，对自 2012 年以来 10 年来每年的标准制修订情况进行了统计，统计结果见图 47。从图 47 可以看出，总体来说，除 2012 年之外，每年的标准制定数量都大于标准修订数量，特别是 2019 年全部是制定标准，2017 年和 2018 年制定标准的数量也远远大于修订标准数量。由此可见，氢气输送方面的标准近年需求旺盛。

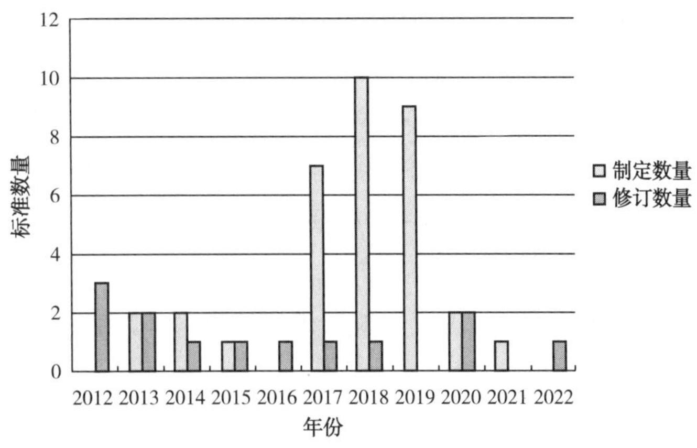

图 47 年度标准制修订数量对比图（氢气输送）

7.4.5 标准的技术领域分布

由于本书选定的标准涉及领域较广，所以按照 ICS 大类分类统计各个技术领域的标准数量。

按 ICS 分类统计的结果如图 48 所示。由图可以看出，虽然氢气输送标准数量不多，但涉及领域较多，有 14 个，绝大多数标准都属于“71 化工技术”，其次是“27 能源和热传导工程”，然后是“75 石油及相关技术”“43 道路车辆工程”。除此之外还有“13 环保、保健和安全”“25 机械制造”“21 机械系统和通用件”“23 流体系统与通用件”“77 冶金”等。

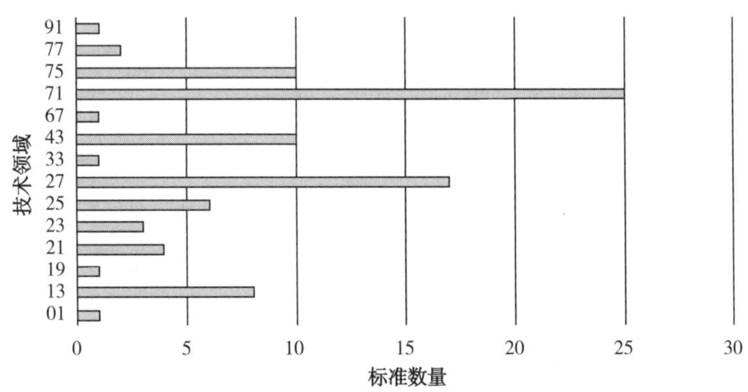

图 48 按 ICS 分类的技术领域分布（氢气输送）

从标准名称的内容来看，氢气输送标准涉及：

氢气输送管道，例如“ASME B31.12—2019 氢气管道和管线”“ASME STP-PT-006—2007 氢气管道和管道设计指南”；

氢脆相关技术，例如“API TR 934-F PART 1—2017 氢脆对高压氢气中厚壁 Cr-Mo 钢反应器最低增压温度的影响 RP 934-F 的初始技术基础”“ASTM F2078—2022 有关氢脆化试验的标准术语”；

加氢站，例如“ISO 19880-1—2020 氢气 加氢站 第 1 部分：通用要求”“ISO 19880-3—2018 氢气 加氢站 第 3 部分：阀门”“ISO 19880-5—2019 氢气 加氢站 第 5 部分：分配器软管和软管组件”“ISO 19880-8—2019 氢气 加氢站 第 8 部分：燃料质量控制”；

水电解制氢，例如“ISO 22734—2019 水电解制氢工业、商业和住宅应用”；

燃料电池，例如“IEC 62282-3-300—2012 燃料电池技术 第 3-300 部分：固定式燃料电池发电系统安装”；

道路车辆，例如“ISO 13984—1999 液氢陆地车辆燃料加注系统接口”“ISO 17268—2020 氢气陆地车辆燃料加注连接装置”。

7.5 智慧管道标准的发展

7.5.1 标准的数量分布

经过检索查询，尚未发现直接以智慧管道或智慧管网命名或包含关键词的标准，标准数据是根据对智慧管道概念的理解，检索查询到相关标准，包括 ISO、IEC、API、ASME、ASTM 共 5 个标准机构制定发布的标准。

智慧管道领域的标准共 248 项，IEC 制定的标准最多（157 项），ISO（59 项）次之，然后是 ASTM（21 项）、API（10 项），数量最少的是 ASME，只有 1 项。NACE 未制定智慧管道方面的标准，见图 49。

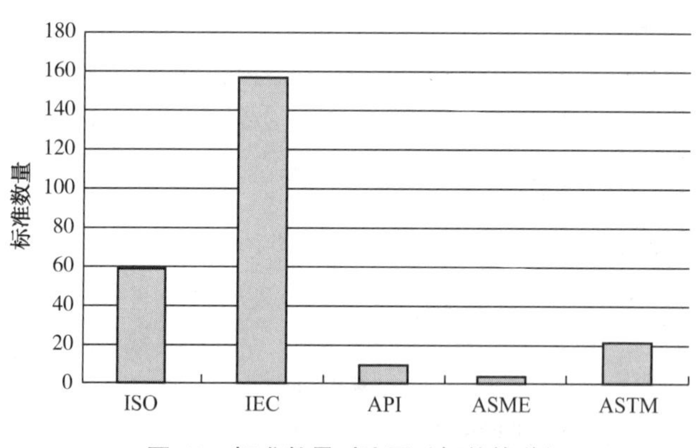

图 49 标准数量对比图（智慧管道）

7.5.2 标准的发布年代分布

对所有现行标准的发布年代进行统计分析，按年度统计标准数量，标准发布年代分布如图 50 所示，统计结果如表 55 所示。

由图 50 可以看出，智慧管道相关标准从 1989 年开始，至 2007 年出现第一个高峰，随后，在 2014 年之后开始阶段式增长，在 2019 年又达到一个高峰。

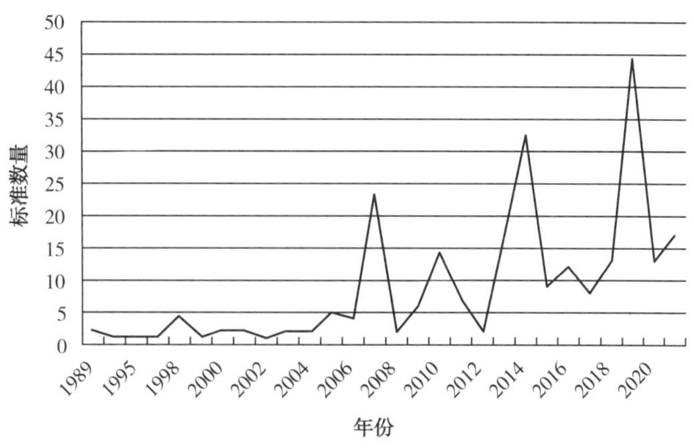

图 50　标准发布年代分布图（智慧管道）

由表 55 可以看出具体的数据情况。2007 年发布标准 23 项，占总数的 9.27%；2014 年发布标准 32 项，占 12.9%；2019 年发布标准 44 项，占 17.74%。由此，可以看出，大多数标准都是 2012 年以后制定发布的。

表 55　年度标准数量表（智慧管道）

发布年份	数量	百分比	发布年份	数量	百分比
1989	2	0.81%	2008	2	0.81%
1994	1	0.40%	2009	6	2.42%
1995	1	0.40%	2010	14	5.65%
1996	1	0.40%	2011	7	2.82%
1998	4	1.61%	2012	2	0.81%
1999	1	0.40%	2013	18	7.26%
2000	2	0.81%	2014	32	12.90%
2001	2	0.81%	2015	9	3.63%
2002	1	0.40%	2016	12	4.84%
2003	2	0.81%	2017	8	3.23%
2004	2	0.81%	2018	13	5.24%
2005	5	2.02%	2019	44	17.74%
2006	4	1.61%	2020	13	5.24%
2007	23	9.27%	2021	17	6.85%
			总计	248	100.00%

7.5.3　标准的标龄分布

标准的标龄指现行标准自发布至废止期间的时间长度，一般以年为单位计算。对所有现行标准的标龄进行计算和统计分析，标龄分布如图 51 所示。

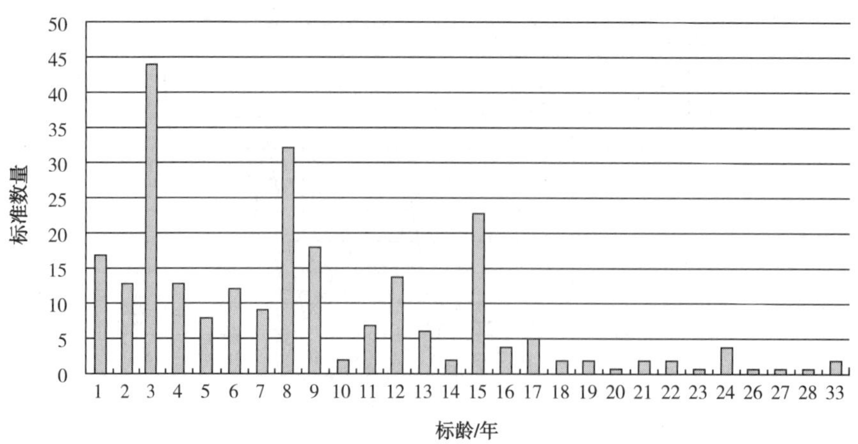

图 51　标准的标龄分布图（智慧管道）

由图 51 可以看出，标龄在 3 年的标准最多，在 5 年之内的标准有 95 项，占标准总数的 38%。标龄为 6~10 年的标准有 73 项，占 29%。标龄在 10~20 年的标准有 66 项，占 27%。标龄在 20 年以上的标准有 14 项，占 6%。总体来看，智慧管道相关标准标龄分布相对均衡。

7.5.4　标准的制修订情况分析

通过对所有现行标准是否有被代替标准的统计分析，在现行的 248 项标准中，有 94 项标准是新制定的标准，占标准总数的 38%，修订标准有 154 项，占标准总量的 62%，制定标准数量少于修订标准数量，如图 52 所示。

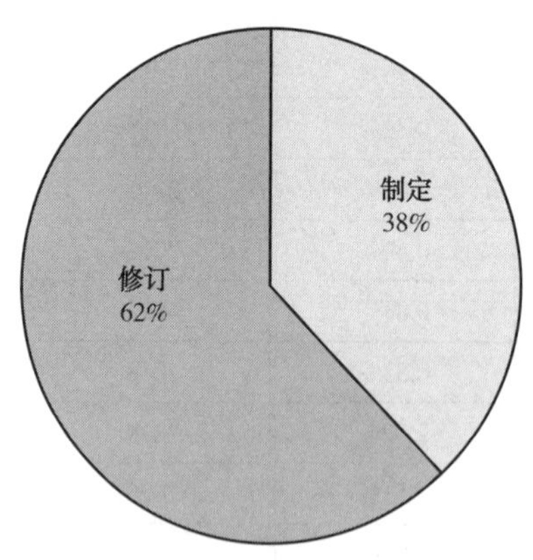

图 52　标准制修订数量对比图（智慧管道）

为了解年度标准的制修订情况，对自 2012 年 10 年来每年的标准制修订情况进行了统计，统计结果见图 53。从图 53 可以看出，总体来说，除 2017 年、2020 年和 2021 年制定标准数量大于修订标准数量外，其余年度，制定标准的数量均小于修订标准的数量。特别是 2014 年和 2019 年，修订标准数量远远大于制定标准数量。

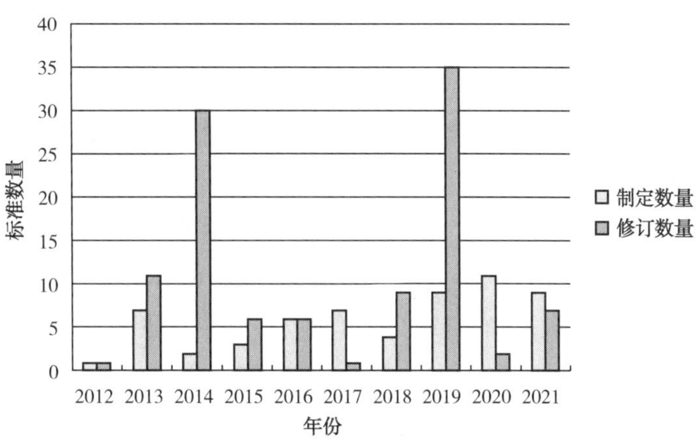

图 53 年度标准制修订数量对比图（智慧管道）

7.5.5 标准的技术领域分布

由于本书选定的标准涉及领域较广，所以按照 ICS 大类分类统计各个技术领域的标准数量。

按 ICS 分类统计的结果如图 54 所示。可以看到，智慧管道涉及领域较多，共 12 个领域，但绝大多数标准都属于“35 信息技术、办公机械”，其次是“25 机械制造”，“33 电信、音频和视频工程”也有一定数量。其余领域的标准都很少，“75 石油及相关技术”领域的标准共 5 项，为数据和管理系统方面的标准。

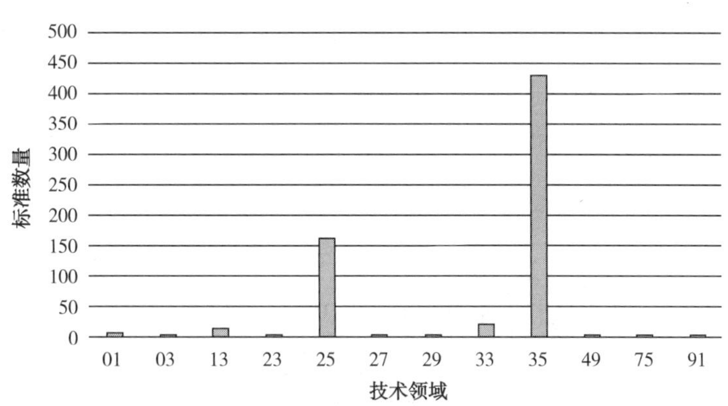

图 54 按 ICS 分类的技术领域分布（智慧管道）

从标准名称的内容来看，智慧管道标准涉及：

石油领域数据相关技术，例如“ASME STB-1—2020 石油天然气行业大数据 / 数字化转型工作流程及应用指南”“API BULL 1178—2017 完整性数据管理和集成”；

管道控制技术，例如“API RP 1168—2015 管道控制室管理”“API RP 554 PART 2—2008 工艺控制系统 工艺控制系统设计”“API RP 554 PART 3—2021 工艺控制系统 项目实施和工艺控制系统的所有权”“API STD 1164—2021 管道控制系统网络安全”；

管道 SCADA 技术，例如“API RP 1165—2007 SCADA 管线展示的推荐做法”“API RP 1167—2016 管道 SCADA 报警管理”；

管道安全管理，例如“API RP 1173—2015 管道安全管理系统”“API RP 1181—2019 管道运行状态确定”。

除上述与管道相关的标准之外，还有大量其他领域相关的标准，包括：

IEC 61784 系列的工业通信网络系列标准，如“IEC 61784-5-8—2018 工业通信网络 配置文件 第 5-8 部分：数据总线的安装 CPF 8 用安装配置文件”；

IEC 61970 系列的能量管理系统标准，如“IEC 61970-452—2021 能量管理系统应用程序接口（EMS-API）第 452 部分：CIM 静态传输网络模型概要”；

IEC 智能制造标准，如“IEC/PAS 63178—2018 智能制造服务平台　面向服务的制造资源 / 能力的集成需求”；

ISO/IEC 信息技术方面的标准，如“ISO/IEC 27035-2—2016 信息技术 安全技术 信息安全事件管理 第 2 部分：计划和准备事件响应的指导方针”；

ISO 制造用数字孪生体标准，如“ISO 23247-1—2021 自动化系统和集成 制造用数字孪生体框架　第 1 部分：概述和一般原则”“ISO 23247-2—2021 自动化系统和集成 制造用数字孪生体框架　第 2 部分：参考框架”“ISO 23247-3—2021 自动化系统和集成 制造用数字孪生体框架　第 3 部分：制造元素的数据表示”“ISO 23247-4—2021 自动化系统和集成　制造用数字孪生体框架　第 4 部分：信息交换”；

机器人方面的标准，如“ASTM E2521—2016 评估响应机器人能力的标准术语”“ASTM E2566—2017a 评价响应机器人感应的标准试验方法：视力”“ISO/TR 20218-1—2018 机器人技术 工业机器人系统的安全设计　第 1 部分：末端效应器”。

7.6 小　结

本章采用文献计量学方法，对 ISO、IEC、API、ASME、ASTM、AMPP（NACE）等标准化机构制定发布的液化天然气（LNG）、储备设施、二氧化碳、氢气输送、智慧管道等油气管道相关重点领域标准进行总体分析与对比分析研究，分析维度包括标准的数量分布、标准的发布年代分布、标准的标龄分布、标准的制修订情况、标准的技术领域分布等。基于对比分析结果，对液化天然气（LNG）、储备设施、二氧化碳、氢气输送、智慧管道等各个领域标准的发展特点与发展态势进行了分析总结。

第 8 章　参与油气管道国际国外标准化对策建议

国际标准是由国际标准化组织或国际标准组织通过并公开发布的标准。国际标准化组织 ISO、国际电工委员会 IEC 制定和发布的标准和技术规则数量最多，是制定发布油气管道相关国际标准的主体。国外标准化组织 API、ASME、ASTM、AMPP（NACE）是油气管道领域的先进标准组织。本章就参与油气管道国际国外标准化工作提出对策建议。

8.1 充分了解我国国际标准化工作的方针政策

8.1.1 “鼓励积极参与国际标准化活动”是新标准化法的一项重大制度设计

2017 年 11 月 4 日，习近平主席签署第 78 号主席令，正式公布新修订的《中华人民共和国标准化法》，新标准化法自 2018 年 1 月 1 日起施行。新标准化法是我国标准化工作的基本法，这部法律的修订对促进标准化改革创新发展意义重大，影响深远。该法的修订，有利于贯彻以人民为中心的发展思想；有利于促进我国经济社会高质量发展；有利于强化标准化工作的法治管理；有利于实现更高水平的对外开放。

我国的标准化立法经历了 4 个发展阶段：1962 年 11 月，国务院制定《工农业产品和工程建设技术标准管理办法》，是中华人民共和国成立后首部标准化法律文件；1979 年 7 月，国务院制定《中华人民共和国标准化管理条例》，是我国首部标准化行政法规；1988 年 12 月，第七届全国人大常委会第五次会议表决通过了《中华人民共和国标准化法》，是我国首部标准化法；2017 年 11 月，第十二届全国人大常委会第三十次会议表决通过了新修订的《中华人民共和国标准化法》，自 2018 年 1 月 1 日起施行。

新标准化法共有 16 项重大制度设计：扩大标准范围、建立标准化协调机制 、鼓励积极参与国际标准化活动、明确标准化奖励制度、加强强制性标准的统一管理、赋予设区的市标准制定权、发挥技术委员会的作用、对标准制定环节提出要求、明确强制性标准应当免费向社会公开、赋予团体标准法律地位、建立企业标准自我声明公开和监督制度、促进标准化军民融合、增设标准实施后评估制度、建立标准化试点示范制度、强化标准化工作监督管理制度、加大违法行为处罚力度。由此可以看出，“鼓励积极参与国际标准化活动”

是新标准化法的重大制度设计之一。

新标准化法共六章，四十五条，包括总则、标准的制定、标准的实施、监督管理、法律责任、附则。“鼓励积极参与国际标准化活动”是新标准化法第一章中第八条的内容：“国家积极推动参与国际标准化活动，开展标准化对外合作与交流，参与制定国际标准，结合国情采用国际标准，推进中国标准与国外标准之间的转化运用。国家鼓励企业、社会团体和教育、科研机构等参与国际标准化活动。”

8.1.2 《国家标准化战略纲要》提出了国际标准化的目标

我国于 2021 年 10 月发布的《国家标准化发展纲要》提出了国际标准化的发展目标：“标准化开放程度显著增强，标准化国际合作深入拓展，互利共赢的国际标准化合作伙伴关系更加密切，标准化人员往来和技术合作日益加强，标准信息更大范围实现互联共享，我国标准制定透明度和国际化环境持续优化，国家标准与国际标准关键技术指标的一致性程度大幅提升，国际标准转化率达到 85% 以上。”

在“六、提升标准化对外开放水平”中提出了具体的任务：

——深化标准化交流合作。履行国际标准组织成员国责任义务，积极参与国际标准化活动。积极推进与共建“一带一路”国家在标准领域的对接合作，加强金砖国家、亚太经合组织等标准化对话，深化东北亚、亚太、泛美、欧洲、非洲等区域标准化合作，推进标准信息共享与服务，发展互利共赢的标准化合作伙伴关系。联合国际标准组织成员，推动气候变化、可持续城市和社区、清洁饮水与卫生设施、动植物卫生、绿色金融、数字领域等国际标准制定，分享我国标准化经验，积极参与民生福祉、性别平等、优质教育等国际标准化活动，助力联合国可持续发展目标实现。支持发展中国家提升利用标准化实现可持续发展的能力。

——强化贸易便利化标准支撑。持续开展重点领域标准比对分析，积极采用国际标准，大力推进中外标准互认，提高我国标准与国际标准的一致性程度。推出中国标准多语种版本，加快大宗贸易商品、对外承包工程等中国标准外文版编译。研究制定服务贸易标准，完善数字金融、国际贸易单一窗口等标准。促进内外贸质量标准、检验检疫、认证认可等相衔接，推进同线同标同质。创新标准化工作机制，支撑构建面向全球的高标准自由贸易区网络。

——推动国内国际标准化协同发展。统筹推进标准化与科技、产业、金融对外交流合作，促进政策、规则、标准联通。建立政府引导、企业主体、产学研联动的国际标准化工作机制。实施标准国际化跃升工程，推进中国标准与国际标准体系兼容。推动标准制度型开放，保障外商投资企业依法参与标准制定。支持企业、社会团体、科研机构等积极参与各类国际性专业标准组织。支持国际性专业标准组织来华落驻。

8.1.3 参与国际标准化工作的内容和范畴

国家积极推动参与制定国际标准，工作内容包括：争取担任国际标准组织有关职务，推动在国际标准组织任职；承担更多国际标准组织技术机构主席和秘书处等职务；以积极成员或观察员身份参加国际标准组织技术委员会、分委会活动；实质性参与国际标准制修订，积极提出国际标准新工作项目和新技术工作领域提案，担任标准项目工作组召集人或注册专家等。

在原国家质量监督检验检疫总局于 2001 年 12 月 4 日发布的《采用国际标准管理办法》中，对国际标准的定义是：国际标准是指国际标准化组织（ISO）、国际电工委员会（IEC）和国际电信联盟（ITU）制定的标准，以及国际标准化组织确认并公布的其他国际标准组织制定的标准。其他国际标准组织包括：国际铁路联盟（UIC）、国际计量局（BIPM）、国际人造纤维标准化局（BISFN）、食品法典委员会（CAC）、时空系统咨询委员会（CCSDS）、国际建筑研究实验与文献委员会（CIB）、国际照明委员会（CIE）、国际内燃机会议（CIMAC）、国际牙科联合会（FDI）、国际信息与文献联合会（FID）、国际原子能机构（IAEA）、国际航空运输协会（IATA）、国际民航组织（ICAO）、国际谷类加工食品科学技术协会（ICC）、国际排灌研究委员会（ICID）、国际辐射防护委员会（ICRP）、国际辐射单位和测试委员会（ICRU）、国际制酪业联合会（IDF）、万维网工程特别工作组（IETF）、国际图书馆协会与学会联合会（IFTA）、国际有机农业运动联合会（IFOAM）、国际煤气工业联合会（IGU）、国际制冷学会（IIR）等。

8.1.4 国家奖励企业参与国际标准化活动

国家积极鼓励和支持企业、社会团体和教育、科研机构等全面深入地参与国际标准化活动。目前，国家标准委以及很多地方已经出台了相关政策，支持参与国际标准化活动，并为担任国际标准组织领导职务、承担国际标准化组织技术机构主席和秘书处工作、实质性参与国际标准制修订，提出国际标准新工作项目和新技术工作领域提案，担任标准项目工作组召集人或注册专家提供政策、渠道、经费等方面的支持。

国家市场监督管理总局于 2020 年 4 月 14 日发布了《中国标准创新贡献奖管理办法》（市场监管总局公告 2020 年第 15 号），于 2022 年 4 月 1 日发布了修订版。设立的奖项包括：标准项目奖、组织奖和个人奖，每 2 年评选 1 次。其中，标准项目奖的表彰范围包括现行有效且实施 2 年以上（含 2 年）的国际标准，具体为：由我国专家牵头起草并由国际标准化组织（ISO）、国际电工委员会（IEC）、国际电信联盟（ITU）等发布的国际标准。

在国家质量监督检验检疫总局、国家标准委于 2014 年 12 月 30 日发布、2015 年 5 月 1 日开始实施的《参加国际标准化组织（ISO）和国际电工委员会（IEC）国际标准化活动管理办法》中，第四十八条规定了奖励："国务院标准化主管部门对参加国际标准化活动做出突出成绩的国内技术对口单位和个人予以表彰，主要包括以下几种情况：①获得 ISO 或 IEC 奖励的；②提出国际标准提案，主持制定国际标准表现突出的；③认真履行 ISO 和

IEC 技术机构负责人工作职责，表现突出的；④认真履行国际技术机构秘书处和国内技术对口单位的职责，积极开展国际标准化工作并表现突出的；⑤积极组织本行业、本地区参与国际标准化活动做出突出贡献的；⑥在国际标准化人才培训、国际标准化政策研究工作中做出突出贡献的；⑦其他需要奖励的情况。”

8.2 熟悉 ISO、IEC 国际标准化工作的规则并持续跟踪其变化

8.2.1 ISO/IEC 的工作规则文件

ISO/IEC 工作规则包括以下文件：

①《ISO/IEC 导则 第 1 部分：ISO/IEC 技术工作程序》（ISO/IEC Directives，Part 1：Procedure for the technical work），2022 年 5 月发布第 18 版；

②《ISO/IEC 导则 第 2 部分：ISO 和 IEC 文件的结构和起草原则与规则》（ISO/IEC Directives，Part 2：Principles and rules for the structure and drafting of ISO and IEC documents），2021 年 5 月发布第 9 版；

［上述导则由 ISO/IEC/JDMT（Joint Directive Maintenance Team）负责制修订；由 ISO/TMB、IEC/SMB 共同批准发布］

③《ISO/IEC 导则 ISO 技术工作程序合集》（ISO/IEC Directives Part 1 and Consolidated ISO Supplement—Procedure for the technical work—Procedures specific to ISO—），2022 年 5 月发布第 13 版；

［上述导则由 ISO/DMT（Directive Maintenance Team）负责制修订；由 ISO/TMB 批准发布］

④《ISO/IEC 导则 IEC 技术工作程序补充部分》（ISO/IEC Directives，IEC Supplement），2022 年 5 月第 16 版；

（上述导则由 IEC/SMB 批准发布）

⑤《ISO/IEC 导则 JTC1 技术工作程序合集》（ISO/IEC Directives，JTC 1 Supplement），2021 年第 17 版导则和 2021 年 JTC1 补充部分。

（上述导则由 ISO/IEC JTC1 负责制修订；由 ISO/TMB、IEC/SMB 共同批准发布）

ISO 与 IEC 共同使用 ISO/IEC 导则第 1 部分和第 2 部分，表示 ISO、IEC 的大部分工作程序和要求相一致，在此基础上，ISO、IEC 分别通过其专用程序保留适应其特点的工作规则。

8.2.2 ISO/IEC 标准制修订组织结构

ISO/IEC 标准制修订的运行与管理模式，由技术委员会负责，按照标准制修订程序开展国际标准的制修订工作。

ISO、IEC 的标准化技术委员会 TC 或标准化分技术委员会 SC 主要负责其工作范围内的标准制修订和管理协调工作，在此基础上，开展与相关外部机构（如产业联盟）的协作。

ISO、IEC 的 TC 或 SC 通过下设机构开展具体标准制修订和管理协调工作。ISO、IEC 的 TC、SC 的下设机构及其职能包括：

工作组（Working Group，WG）：负责制定一项或多项新标准及修订标准，将标准各阶段草案提交至 ISO、IEC 的 TC 或 SC 进行评议 / 投票。完成工作后即解散。

项目组（Project Team，PT）（IEC 特有的）：负责制定一项新标准（1.0 版本），将标准各阶段草案提交至 IEC 的 TC 或 SC 进行评议 / 投票。完成工作后即解散。

维护组（Maintenance Team，MT）：负责维护一项或多项标准，将修订标准部分或修订标准提交至 ISO、IEC 的 TC 或 SC 进行评议 / 投票。完成工作后即解散。

特别工作组（Ad Hoc Group，AHG）：负责研究具体问题，向 ISO、IEC 的 TC 或 SC 提交报告及建议。完成工作后即解散。

顾问组 / 主席顾问组（Advisory Group，AG 或 Chairperson’s Advisory Group，CAG）：负责协助 ISO、IEC 的 TC 或 SC 主席、秘书协调、规划、指导 ISO、IEC 的 TC 或 SC 开展工作。

8.2.3　ISO/IEC 标准化技术委员会 TC 的建立

ISO 技术委员会 TC（Technical Committee）由 ISO 技术管理局 TMB（Technical Management Board）建立、解散；IEC 技术委员会由 IEC 标准管理局 SMB（Standardization Management Board）建立、解散。

在新的技术领域活动中如果需要建立新的 TC，以下组织或个人有权提出建立新 TC 提案：

- ISO 国家成员团体或 IEC 国家委员会
- 现有 TC 或分委会（Subcommittee，简称 SC）
- 项目委员会（Project Committee，简称 PC）
- 政策层面的委员会
- ISO/TMB 或 IEC/SMB
- ISO 秘书长或 IEC 秘书长
- 负责管理在 ISO、IEC 支持下运行的认证系统的机构
- 具有国家成员团体资格的其他国际组织

按 ISO/IEC 导则规定，应使用合适的表格。

新提案填写规定的表格，通过 ISO 国家成员体或 IEC 国家委员会提交到 ISO 中央秘书处或 IEC 中央办公室。ISO 中央秘书处或 IEC 中央办公室对提案审议通过后，将提案分发给所有国家成员体进行表决并询问他们是否支持建立新 TC（提供理由），是否有意积极参

与新 TC 的工作。该提案同时还分发给另一个组织（ISO 或 IEC）征求意见和统一意见。

如果表决结果同时满足以下两个条件，ISO/TMB、IEC/SMB 将决定建立新 TC 并指派委员会秘书处；如果表决结果未满足以下两个条件，ISO/TMB、IEC/SMB 将新领域的工作分配给现有 TC。这两个条件是：

参加投票的国家成员体的 2/3 多数赞成该提案；

至少 5 个国家成员体表示愿意积极参与其中工作。

对 TC，按其成立顺序予以编号，若一个 TC 被解散，它的编号不可分配给另一个 TC。经协商一致的 TC 名称和工作范围应由 ISO 中央秘书处或 IEC 中央办公室提交给 ISO/TMB 或 IEC/SMB 批准。

8.2.4 ISO/IEC 标准化分技术委员会 SC 的建立

ISO、IEC 分委会（Subcommittee）的建立和解散须由参加投票的上级 TC 中 P 成员的 2/3 多数决定，经 ISO/TMB、IEC/SMB 认可，并且只有某个国家成员体表示愿意承担秘书处时，方可建立 SC。SC 成立时，至少应该有 5 个上级 TC 成员表示愿意积极参加该 SC 的工作。

SC 应按其建立顺序编号。若一个 SC 被解散，它的编号不可分配给另一个 SC。SC 的名称和范围应由上级 TC 确定，并且应在上级 TC 工作范围之内。

上级 TC 秘书处应使用适当表格将 SC 建立的决策呈报 ISO 中央秘书处或 IEC 中央办公室，ISO 中央秘书处或 IEC 中央办公室将其报 ISO/TMB、IEC/SMB 认可。

在批准建立新的 SC 的决定后，应尽快安排与其他机构的任何必要联络。

ISO、IEC 的 TC/SC 秘书处，是指通过相互协议，被指派向 TC 或 SC 提供技术和行政服务的 ISO 国家成员体、IEC 国家委员会。

8.3 加快推进主导或参与制定 ISO、IEC 国际标准的措施

8.3.1 以直接或间接方式主导或参与 ISO、IEC 国际标准化活动

参与国际标准化活动可以通过直接方式和间接方式两个途径：通过承担 ISO、IEC 的秘书处或国内技术对口单位的方式直接参与国际标准化活动；通过现有的 ISO、IEC 国内技术对口单位间接参与国际标准化活动。

ISO、IEC 的 TC 秘书处应由 ISO/TMB、IEC/SMB 分配给某个 ISO 国家成员体、IEC 国家委员会承担。SC 秘书处应由其上级 TC 分配给某个 ISO 国家成员体、IEC 国家委员会承担。然而，如果两个或多个 ISO 国家成员体、IEC 国家委员会申请承担同一个 SC 秘书处，应由 ISO/TMB、IEC/SMB 决定分配。

所有 ISO 国家成员体、IEC 国家委员会都有权参加 TC 和 SC 工作。每个 ISO 国家成员

体、IEC 国家委员会首先应向 ISO 中央秘书处或 IEC 中央办公室明确表示以 P 成员身份还是以 O 成员身份参加 TC 和 SC 工作。

P 成员（Participating member，称为 P-member）应积极参加 TC 或 SC 的工作，并具有对 TC 或 SC 内提交表决的新工作项目提案、投票草案和最终国际标准草案进行投票表决和参加会议的权力和义务。

O 成员（Observer，称为 O-member）以观察员的身份参加 TC 或 SC 工作，可收到委员会的文件并有权提交评论意见和参加 TC 或 SC 会议。

国内技术对口单位是经国家标准化主管部门批准，承担参与 ISO、IEC 相应 TC、SC 国际标准化工作的国内机构。

通过对口单位，可以开展以下工作：

➢ 申请注册为 TC 或 SC 全会代表，以代表的身份参加 TC 或 SC 国际会议。

➢ 申请注册为 TC 或 SC 下设的 WG/PT/MT 专家，以专家的身份参加 WG/PT/MT 国际会议，参与国际标准制修订过程。

➢ 提出国际标准新工作项目提案，经 TC 或 SC 国内技术对口单位的协调，后经国家标准化主管部门审核，正式向 ISO/IEC 的 TC 或 SC 提出国际标准新工作项目提案；随后跟踪、参与后续国际标准立项、制定。

油气管道相关的 ISO 和 IEC 技术委员会秘书处和国内技术对口单位见表 56。

表 56 油气管道相关的 ISO 和 IEC 技术委员会秘书处和国内技术对口单位

TC	TC 名称	秘书处	国内对口单位
ISO/TC67	含低碳能源的油气工业	荷兰	石油工业标准化研究所
ISO/TC67/SC2	管道输送系统	意大利	中国石油集团石油管工程技术研究院
ISO/TC67/SC5	套管、油管和钻杆	日本	中国石油集团石油管工程技术研究院
ISO/TC67/SC9	液化天然气装置与设备	法国	中海石油气电集团有限责任公司
ISO/TC265	二氧化碳捕集、运输和地质封存	加拿大	中国标准化研究院
ISO/TC197	氢技术	加拿大	中国标准化研究院
ISO/TC193	天然气	荷兰	中国石油西南油气田分公司 天然气研究院
ISO/IEC JTC1/SC41	物联网与数字孪生	韩国	中国电子标准化研究院
ISO/TC145	图形符号	英国	中国标准化研究院

8.3.2 充分利用特别工作组（AHG）机制

可利用特别工作组机制，积极参加到 ISO、IEC 标准化工作中，为寻求新突破创造条件和机会。根据 ISO 导则，特别工作组（Ad Hoc Group，简称 AHG）是由技术委员会或分委会批准设立的，为了解决特定问题而由各国专家组成的专家组。在设立特别工作组时，技术委员会同时指定其召集人（rapporteur）主持开展工作。特别工作组应对其负责的特定问题给出解决方案，并在其解决方案得到认可后，由对其授权的技术委员会或分委会批准解散。

（1）对于标准项目来说，尽管标准的技术内容细节是在工作组阶段完成的，但标准的适用范围、技术路线和框架结构在特别工作组阶段就已经大致确定了。在特别工作组的前期工作中，一般会邀请各国专家介绍本国的标准和技术基础。因此，参与特别工作组阶段工作，可以积极宣传我国拥有优势技术的标准并积极争取将中国技术融入国际标准。

（2）特别工作组阶段的主要工作是对标准技术路线的可行性研究。对不同国家标准及其技术路线的对比和质询是特别工作组的主要工作内容。我国专家可以通过这样的质询，深入了解国外标准的制定依据和技术考量，从而为进一步推动我国相关技术的发展提供借鉴。

（3）在特别工作组阶段，通过深入了解国际标准项目的技术路线，可以就其对我国管道发展可能产生的影响进行预判，积极采取措施使国际标准项目采用对我国有利的技术方案，从而为我国拓展国际标准以推动海外市场创造有利条件。

参加特别工作组的流程如下：根据全体大会决议，在特别工作组召集人注册后，TC秘书处会开始专家召集（call for experts）工作，请各国推荐专家参与特别工作组工作；各国专家必须由推荐国国家标准化管理机构（中国为国家标准委）经ISO在线系统注册后，方可成为特别工作组专家，各国必须在专家召集文件中规定的截止日期前完成专家注册。

8.3.3 基于优势技术标准利用快速程序制定国际标准

根据《ISO/IEC 导则 第1部分 技术工作程序》（ISO/IEC Directives，Part 1：Procedures for the technical work）规定，每项国际标准的制定过程包括预备阶段（PWI）、提案阶段（NP）、准备阶段（WD）、委员会阶段（CD）、询问阶段（DIS/CDV）、批准阶段（FDIS）、出版阶段，见表57。如果一项国际标准在各个阶段都能顺利推进的话，从立项到出版至少需要36个月的时间。

表57 ISO和IEC标准制定和发布工作程序

项目阶段	产生的相关文件	
	名称和缩写	说明
预备阶段	预备工作项目 PWI	尚未成熟，不能进入后续阶段的工作项目，或目标日期不能确定的项目
提案阶段	新工作项目提案 NP	提出标准项目的建议，建议一旦被接受，新工作项目优先纳入有关技术委员会的工作计划，同时由ISO中央秘书处和IEC中央办公室予以登记
准备阶段	工作草案 WD	由相关技术委员会组织编写工作草案WD，并按规定时间上交给相关技术委员会，作为委员会草案CD
委员会阶段	委员会草案 CD	分发给国家成员团体征询意见，进行修改。达成协商一致后，将委员会草案作为询问草案（ISO的询问草案称为国际标准草案DIS，IEC的询问草案称为用于投票的委员会草案CDV）

续表

项目阶段	产生的相关文件	
	名称和缩写	说明
询问阶段	国际标准草案 DIS 或 CDV	提交给所有国家成员团体表决，必要时进行修改，最终达到通过，形成最终国际标准草案 FDIS
批准阶段	最终国际标准草案 FDIS	各成员团体对最终国际标准草案 FDIS 表决，通过后进入出版阶段。如没有通过，将文件退回有关的技术委员会，根据反对票所提出的技术理由重新考虑
出版阶段	现行标准	印刷出版和分发国际标准
复审阶段	现行标准 修订标准 作废标准	对已经发布实施的现行国际标准，确认其是否还具有有效性、先进性和适用性。复审的结果包括保留、修订或废止。被保留的标准仍然为现行标准，被修订的标准作为一个新工作项目重新开始制修订过程，被废止的标准称为作废标准

为了加快国际标准的制定，ISO、IEC 又规定了“快速程序”，在下列情况下，可以提出使用快速程序的提案：

① TC 或 SC 的任何 P 成员或 A 类联络组织均可提议将任何来源的现有标准作为询问草案（DIS/CDV）提交投票，即省去准备阶段（WD）、委员会阶段（CD）而直接进入询问阶段，这大大加快了国际标准的制修订进程。提案者应当在提出提案前征得标准原属组织的同意。

②经 ISO 或 IEC 理事会认可的国际标准化机构可提议将该机构制定的标准作为最终国际标准草案提交表决。

③已与 ISO 或 IEC 签订正式技术协议的组织，经适当的 TC 或 SC 同意，可提议将该组织制定的标准草案作为该 TC 或 SC 内部的投票草案提交表决。

欧洲、美国都已经采用 ISO、IEC 国际标准制定快速程序将其现有标准提议为 ISO 标准草案（DIS）或 IEC 询问草案（CDV）。CEN、CENELEC 等欧洲标准化组织与 ISO、IEC 实现了欧洲标准与 ISO、IEC 国际标准的同步制定，美国的一些标准组织也通过成为 ISO、IEC 相应技术委员会的 A 类联络组织来利用国际标准快速制定程序加快推进其标准转化为 ISO、IEC 国际标准。

因此，可以对已经主导制定的油气管道国家标准进行深入分析，以主导制定的国家标准为基础，依据我国 P 成员资格，来利用 ISO、IEC 快速程序将主导制定的国家推进转化为 ISO 或 IEC 标准。

8.3.4 制定其他类型的 ISO、IEC 国际标准文件

在国际标准文件中，国际标准是最主要的形式。其他类型的国际标准文件作为国际标准的补充，是 ISO/IEC 各技术委员会为了应对技术和市场对标准的迫切需求与国际标准制定周期较长之间的矛盾，或者解决各国间可能存在暂时无法解决的技术分歧而提出的技术解决方案。

技术规范（TS）类似于我国很多行业或单位制定的暂行技术条件。ISO/IEC 在制定国际标准时有可能出现以下 2 种情况：一是相关技术正在发展但未完全定型，部分技术指标

通过国际标准的形式来确定尚不成熟；二是标准制定过程中未获得所需的支持票数或未达成共识。在上述情况下，ISO/IEC 的技术委员会可将相关技术内容或阶段性文件作为技术规范发布。与国际标准一样，在技术规范中也要对技术内容给出规范性的要求。

可公开提供的规范（PAS）的编制目的主要是解决市场对标准文件的急需。可公开提供的规范由 ISO/IEC 技术委员会下的相关工作组专家编制，规范性仍然是对其技术内容的基本要求。

技术报告（TR）是调查和记录 ISO/IEC 技术委员会或分技术委员会成员单位相关技术数据、技术参数等的技术文档。技术报告的内容应全部为陈述性的，不包含规范性要求。

与国际标准相比，技术规范 TS、可公开提供的规范 PAS 和技术报告 TR 制定过程相对较短。技术规范 TS 和技术报告 TR 一般只需在委员会阶段完成后取得必要的积极成员多数同意，就可以进入发布程序。可公开提供的规范 PAS 一般只需要在准备阶段完成后（相关工作组专家达成一致意见，经委员会审查与现行标准无冲突）取得必要的积极成员多数同意，就可以进入发布程序。在 ISO/IEC 导则第 1 部分的附录 F 中，给出了各类国际标准文件的一般制定流程。

国际标准与其他国际标准文件之间可以相互转化。首先，国际标准草案可以转化成其他国际标准文件，作为阶段性的成果。例如，ISO/IEC 导则第 1 部分明确指出，国际标准在其批准阶段若未达到所需的支持票数，可以将国际标准草案作为技术规范发布。在国际标准制定的各个主要阶段，都可以将其中的非规范性内容作为技术报告发布。国际标准转化成其他国际标准文件也是控制国际标准项目进度的一个常用手段。根据 ISO/IEC 导则，如果国际标准项目在询问阶段或发布阶段进度严重滞后，技术委员会可能视其内容将当前的阶段性文件强制转化为技术规范、技术报告或者可公开提供的规范。其次，技术规范等国际标准文件待其应用成熟后，也可以转化为国际标准，但这种转化是有时间约束的。技术规范在 3 年内可转化为国际标准，其有效时间不宜超过 6 年。可公开提供的规范在 3 年内可转化为国际标准或技术规范，其有效时间不超过 6 年。到有效期后，若可公开提供的规范仍不适合转化，将被撤销。由于技术报告没有规范性要求，因此可以长期存在。

在油气管道领域，可以根据具体情况，探索制定 TS、TR 或 PAS 的可行性，探索使用不同类型国际标准文件的方法，来快速推进国际标准化工作。

8.3.5 利用 ISO、IEC 双标识政策推进国际标准制定

ISO、IEC 与具有多国投入、全球性的标准制定组织建立以制定国际标准为目标的合作伙伴关系。同时，还建立一种灵活采用其他国际组织制定的标准的新机制。如，采用“双标识”合作发布出版物等，即在标准出版物上印有 ISO 或 IEC 或与另一个标准制定组织的双重标识（如 IEC/ISO、IEC/IEEE、ISO/ASME），意为两个国际组织联合出版。此外，ISO、IEC 的 TC/SC 与其他国际组织、区域组织也建立了多种联络关系。

我国可以充分利用双标识政策，参与 ISO、IEC 合作组织的标准化工作，例如 ASME、ASTM，通过参与这些机构的活动，推进我国标准成为国际标准。

8.4 推进油气管道专业领域国际标准化工作的对策措施

8.4.1 持续关注 ISO/TC67 发展并做好油气管道专业领域国际标准化工作规划

近年来，随着石油和天然气工业向低碳排放社会过渡过程中的转型，ISO/TC67 国际标准化工作活跃，发生了许多新的变化，迎来了新的发展时期。

最重要的变化是 ISO/TC67 名称和范围的变更。ISO/TC67 原名称为“石油、石化和天然气工业用材料、设备和海上结构标准化技术委员会”（Materials，equipment and offshore structures for petroleum，petrochemical and natural gas industries），业务范围包括：石油、石化和天然气工业范围内的钻井、采油、管道输送、液态和气态烃类的加工处理用设备、材料及海上结构。不包括：国际海事组织公约（IMO requirements）对海上结构对象的约定（ISO/TC8）。

ISO/TC67 主席顾问组就委员会名称、范围和组成结构提出了建议，经过 ISO/TC67 成员投票，该建议获得通过，于 2022 年 7 月获得 ISO 技术管理局（TMB）的正式批准。

ISO/TC67 的新名称是“含低碳能源的油气工业”，新工作范围是“油气工业标准化，包括炼化和低碳能源活动”，不包括：ISO/TC28 涵盖的与天然或合成来源的石油和相关产品、燃料和润滑油相关的方面；ISO/TC193 中涉及的天然气相关方面；ISO/TC197 中涉及的氢技术相关方面；ISO/TC255 涵盖的沼气相关方面；ISO/TC265 涵盖的二氧化碳捕集、运输和地质储存相关方面；ISO/TC8 符合 IMO 要求的海洋结构物方面。

ISO/TC67 名称和工作范围的变更是其发展的一个重要里程碑，表明 ISO/TC67 以及石油和天然气行业面向未来继续与其他机构合作提供增值标准，明确绿色制造和低碳排放是 ISO/TC67 今后的工作重点之一。从 ISO/TC67 不包括的范围也可以看出 ISO/TC67 与其他 ISO 技术委员会之间的联系。

为与 ISO/TC67 的名称和工作范围保持一致，同时考虑未来的标准化活动，ISO/TC67 的各分委会和工作组也将开展审查其名称和范围的工作，并将提出名称和工作范围更改的建议，例如，“ISO/TC67/SC9 液化天然气装置和设备”已在考虑将其范围扩大到液化氢运输，将“ISO/TC67/WG5 铝合金管”重新调整至“ISO/TC67/SC5 套管、油管和钻杆”中。

同时，我国在 ISO/TC67 的国际标准化工作连续取得突破性成果，除主导制定国际标准外，由大庆油田代表中国提出的“ISO/TC67/SC10 提高采收率分技术委员会”于 2022 年成立，并由中国承担分委会秘书处，这一国际突破，对推动我国油气资源产业发展意义显著。此外，中国石油集团石油工程材料研究院代表中国提出了成立“绿色制造和低碳行动分技术委员会”的提案，重点围绕节能、节材、减排、轻量化设计、电气化、新材料和新能源开发开展具体工作，使绿色低碳的概念真正落地。

由以上 ISO/TC67 的最新发展情况可知，ISO/TC67 的国际标准化工作将进入新的发展阶段，我国在该领域已经有了比较好的发展基础，应充分利用 ISO/TC67 变革的有利时机和发展机遇，积极开展油气管道专业领域国际标准化工作的顶层设计和规划，一方面在 ISO/TC67 范围内寻求建立新分技术委员会的突破点，积极参加我国牵头成立的新技术委员会的工作；另一方面，在 ISO/TC67/SC2、ISO/TC67/SC5、ISO/TC67/SC9 的油气管道专业分委会工作中，积极参与并提出分委会名称和工作范围的建议，争取将油气管道的优势技术和项目纳入工作范围中，实现油气管道专业领域国际标准化工作的新突破。

8.4.2 多途径推进 ISO/TC67/SC2 国际标准制定

从 ISO/TC67/SC2 已经发布、正在制定和废止的标准中可以发现，ISO/TC67/SC2 标准化活动活跃，标准在持续更新修订中，与 API 等国外先进标准组织的标准之间存在相互关系。

"ISO 3183/API SPEC 5L 管道运输系统用钢管" 作为 SC2 最主要的标准之一，备受大家关注。2007 年 API 与 ISO 就管线钢管标准协调一致，2007 年 10 月首先发布了 ISO 3183 标准，同时美国投票同意其作为 API 和 ANSI 标准，进行了适当修改和补充。自 ISO 3183/API SPEC 5L 标准发布以来，ISO/TC67/SC2 第 16 工作组和 API 第 4210 工作组处理大量的质询、修正和解释，通过 API 收到了 400 多条针对 API 或 ISO 的质询和建议，一些建议通过 API 投票，对标准进行了修改，有助于 ISO 标准的修改。

2001 年，ISO/TC67 在 SC2 下成立 WG16 管线管工作组，负责 ISO 3183 系列标准（ISO 3183-1、ISO 3183-2、ISO 3183-3）的修订，同时解散 SC1 管线管分技术委员会，将其业务并入 SC2/WG16，2007 年，ISO 3183 不再分为部分，只以 ISO 3183 这一项标准发布，并于 2012 年修订。

目前，ISO 3183 最新版是 2019 年发布的标准，API 是 2018 年发布的标准，且 API 发布了中文版、俄语版等多本标准。ISO 3183 也被欧洲标准 EN 采用。

目前，ISO/TC67/SC2 基本上都是发布的国际标准，还鲜有 TS、TR、PAS 等其他类型标准形式。

因此，在推进 ISO/TC67/SC2 国际标准中，可以在推进制定国际标准的同时，积极探索采用 TS、PAS、TR 等其他标准化文件方式来快速推进国际标准，同时通过积极参加 API 等标准化工作，来间接推进国际标准的制定。

8.4.3 探寻 ISO/TC67/SC5 和 ISO/TC67/SC9 国际标准制定的突破点

从 ISO/TC67/SC5 标准化活动中，可以看到，目前 ISO/TC67/SC5 尚未有新标准制定计划。ISO/TC67/SC5 于 2022 年新发布了 1 项 PAS 文件 "ISO/PAS 24565：2022 石油和天然气工业 陶瓷内衬油管"（Petroleum and natural gas industries — Ceramic Lined tubing），该项标准化文件由中国石油集团工程材料研究院牵头研制，规定了油气工业用陶瓷内衬油管的制造工艺、材料要求、机械性能、检验试验等技术要求，填补了我国主导石油管材产品国际标准的空白。这也是利用其他国际标准化文件来推动我国油气管道领域国际标准突破的成功案例。ISO/TC67 正在启动将“ISO/TC67/WG5 铝合金管”调整至“ISO/TC67/SC5 套管、油管和钻杆”的工作。当前，应该是开展 ISO/TC67/SC5 国际标准制定的较好时机，应开展相关研究，寻求在该分委会的国际标准突破。

ISO/TC67/SC9 刚刚成立 7 年，从量化分析数据和 ISO/TC67/SC9 的标准化活动中可看到，液化天然气标准始终在不断发展过程中，新的标准需求较多，正处于标准制定的发展期，标准内容涉及领域也比较广泛，业务领域也在调整中，未来，范围可能会扩大到液化氢运输。建议结合国内业务和关键技术，探寻在 ISO/TC67/SC9 的突破点。

8.4.4 探索智慧管道和储备设施等领域国际标准的制定

从前述智慧管道的标准调研分析中可知，智慧管道目前尚未有专门的国际标准和国外先进标准，石油行业有相关的数据、网络等标准，其他行业有信息技术、通信、物联网等标准。可以说，智慧管道的国际标准还是空白。建议利用 ISO 的特别工作组机制，在相关技术委员会成立特别工作组，开展这方面的国际标准化工作，积极选派专家参加这一领域的标准化工作，寻求在智慧管道国际标准方面的突破。同时，可以在 ISO/TC67/SC2 中，利用 PAS、TS 等方式推进智慧管道国际标准的制定。除 ISO/TC67 之外，还可以在城市可持续、智能制造等多领域来推进。

从对储备设施标准的调研分析可见，ISO 国际标准数量不多，API 等国外先进标准比较多，在探索国际标准的突破中，也可以积极参加 API 等国外专业标准化组织的标准化活动。

8.4.5 推进氢气输送国际标准化工作的建议

ISO/TC197 的工作范围包括了氢气输送，但在现有的标准化工作组中未设立氢气输送的工作组，在已经发布和正在制定的标准中，也没有发现氢气输送方面的国际标准。

在氢气输送标准中，和管道相关的标准主要是 ASME 发布的“ASME B31.12—2019 氢气管道和管线”。ASME B31.12 是国际上第一部关于氢气管道的标准，适用于氢气管道及配送系统，主要包括设计、施工、维护等多方面，可用于氢气工业管道和长输管道。

我国目前还没有关于氢气长输管道的设计标准规范，在该领域还是空白，建议采取国内国际协同发展的方式开始相关技术和标准研究，在 ISO/TC197 中寻求氢气输送国际标准的突破。

8.4.6 通过成为会员积极参与国外先进标准化组织活动

参与 API、ASME、ASTM 和 AMPP 标准化活动的主要途径就是成为会员，会员可以直接参加标准制修订活动。

API 会员对全球开放，只要对 API 活动感兴趣，都可以成为会员来积极参加 API 标准制修订工作。API在中国设有办事处，通过对API中国办事处的实际调研，API欢迎中国专家参与标准化活动。中国专家需要先向中国办事处提交会员申请材料，成为会员后，会对参与标准化活动提出相应的要求，例如，参与度、活跃性等。

ASTM始终向世界范围内有兴趣参与投票的个人和团体开放，任何个人和团体均可申请加入ASTM会员来参加标准的制修订活动。ASTM认为，自愿协商一致标准的制定要建立在这样一个哲学观点之上，那就是：最好的国际标准应该出自全世界共同的智慧，任何对制定标准感兴趣的个人或团体，都可以成为ASTM会员，参与到技术委员会的标准制定工作中。正是基于这样的观点，ASTM技术委员会的会员是来自世界各地企业、大学的工程师和科学家以及政府部门的人员和用户、消费者等，先进的专业技术保证了标准的技术质量和适用性，参与的直接性和公开透明、互动的讨论使标准具有市场适用性。随着网络技术的发展，ASTM也开发了标准制修订管理系统，世界各国的专家无论在何时何地均可通过网络参加ASTM标准制修订工作，进行标准投票，对标准发表修改建议。ASTM标准制修订工作的开放性也避免了标准的交叉与重复，因为各专业的专家不仅参加ASTM标准制修订工作，也参加ASME等其他机构的标准制修订工作，可以准确了解标准的制修订情况，避免标准的重复制定现象发生。

ASTM包括个人会员、团体会员以及学生会员，无论是个人会员还是团体会员均可参加ASTM标准制修订工作，并且还可获得其他利益。

（1）ASTM个人会员

ASTM个人会员（Participating members）可以积极地参加制定新标准和修订现行标准的活动，通过对ASTM标准制修订的直接参与，会员可以更多地了解ASTM标准发展的趋势和动态，并可代表所属行业对标准的制修订提出各种意见和需求。目前，成为ASTM个人会员的会费为每年75美元，但会获得以下多项权益：

● 参加ASTM的技术委员会，直接参与标准制修订活动；

● 免费获取一卷《ASTM标准年鉴》（内含大约100项某专业领域的标准，如钢铁、塑料、橡胶，提供方式包括印刷版、光盘版或网络版）；

● 享受所有ASTM出版物优惠；

● 免费订阅全年的ASTM月刊——《标准化新闻》（《ASTM Standardization News》）；

● 会议注册费优惠；

● 获取最新的标准制修订信息；

● 通过对标准草案的投票，可以对标准制定施加影响；

● 通过ASTM网站“Member Only”页面，可以获取其他会员的信息；

● 通过参加标准制修订会议、座谈会和研讨会，可以获取影响所属产业的最新信息；

● 通过直接参与ASTM标准制定过程，可以获得最新技术和最新趋势的智力资本；

- 可以购买 ASTM 专为会员提供的木质会员铭牌；
- 与竞争者和顾客在技术合作基础上进行交流；
- 与世界范围的产业专家取得联系；
- 为相关工业领域的标准化战略做出贡献；
- 有资格参与奖励学术带头人或做出重大贡献者的 ASTM 授奖项目。

（2）ASTM 团体会员

ASTM 团体会员（Organizational members）的作用在于理解 ASTM 标准化活动，及通过自愿与协商一致标准对行业与社会做出贡献。目前，ASTM 团体会员会费为每年 400 美元。

ASTM 团体会员的权益：

- 所有 ASTM 出版物的九折优惠；
- 每年免费订阅 ASTM 月刊《标准化新闻》杂志；
- 参加 ASTM 学术讨论会以及技术研讨会注册入场减价优待；
- 免费赠送一卷《ASTM 标准年鉴》。

除了享有参与会员的种种权益外，团体会员可以通过 ASTM 网站在互联网及世界范围内达到宣传本机构的目的。在 ASTM 网站上有一份团体会员的在线名录，其中包含团体会员所在机构或公司的标示。ASTM 允许团体会员在 ASTM 网站上展示各自独特的会员标示。通过这些标示，可以链接到这些公司网站的主页面。

ASTM 还允许机构会员在自己的网站上展示 ASTM 标示。通过 ASTM 标示，可以链接到 ASTM 网站的特定页面。（例如，某一特定专业技术委员会的页面，ASTM 的主页，或是某个标准的摘要页面。）

可获赠“8 英寸 ×10 英寸”激光雕刻木质会员铭牌。

通过 ASTM 的评奖程序，团体会员领导班子可以被授予相关奖项。

通过 ASTM 可以获得与世界范围内相关专业领域及组织交流的机会。

代表自己的国家为 ASTM 提供的开放、自愿的标准体系做出贡献，从而促进本行业、本民族标准化的发展。

8.5 小 结

本章对参与油气管道国际国外标准化工作的对策建议进行研究，从总体到具体分层次提出了对策建议和措施。总体对策建议包括：充分了解我国国际标准化工作的方针政策，熟悉 ISO、IEC 国际标准化工作的规则并持续跟踪其变化。具体对策措施包括：加快推进主导或参与制定 ISO、IEC 国际标准的措施，推进油气管道专业领域国际标准化工作的对策措施。

第9章 总 结

本书通过采用文献调查法、文献计量学法、内容分析法等研究方法对油气管道标准的总体发展情况、发展趋势、采用国际标准情况和国际国外标准化组织的标准管理现状、参与方式等进行分析研究，提出参与国际国外标准化活动的对策建议，研究成果总结如下。

9.1 多角度分析油气管道标准发展趋势，获得研究结论

对油气管道从标准发布年代与标龄、标准制修订、技术领域分布、采用标准等多方面进行了对比分析，从标准时序分布、总体发展趋势、新发展的标准发展趋势、持续发展的标准发展趋势、稳定发展的标准发展趋势等角度分析了油气管道标准的发展趋势，取得的研究结论如下。

9.1.1 标准制修订工作的及时性

总体来看，油气管道标准大多数都是在近 5 年来制定发布的，虽然标准发布时间跨度较大，自 1966 年开始，但这些标准每 5 年都复审 1 次，标准制修订工作比较及时。

从各个标准组织来说，美国专业标准组织的标准制修订工作更为及时，尤以 ASTM 的标准制修订最为及时，标龄为 1 年、2 年和 5 年内的标准在数量上和比率上都位居第一位。

9.1.2 标准总量与制修订数量

从标准数量上来说，ISO 制定的标准数量最多，之后依次排序是 ASTM、API、IEC、ASME、NACE，另有 1 项 AMPP 标准，说明油气管道的主要国际标准化组织是 ISO。

从标准制修订总体情况来看，修订标准数量较制定标准数量多。从年度标准制修订标准情况看，近 10 年来，每年的修订标准数量都大于制定标准数量。说明多数油气管道标准处于不断更新使用中。

从各个标准化组织来看，API 近 3 年内新制定标准的数量最多，其次是 ISO，制定新标准最少的机构是 ASME。

9.1.3 标准的技术领域分布

本书研究的标准属于石油技术领域，总体来看，石油领域的标准数量最多，除石油类标准外，按标准数量排序，还涉及土木建筑、综合、机械、仪器仪表、通信广播、劳动保护、冶金、电工、能源等技术领域。

在石油领域，除油气集输设备外，还涉及石油产品综合、石油天然气综合、燃料、石油天然气工业设备、天然气、安全与劳动保护等领域。

从各个标准化组织来看，ISO、API、ASTM 涉及的标准领域范围较广，标准数量也较多，在石油领域，ASTM 标准最多，其次是 API，排名第三的是 ISO。虽然 IEC 标准数量也不少，但对领域的局限性较强，主要集中在信息技术、电气工程、电信等方面；ASME 和 NACE 的标准数量较少，涉及的领域也较少。

各个专业标准制定机构均在各自专业范围内的标准最多，如 API 在石油类最多、IEC 在电子类最多。

9.1.4 标准发展趋势

从油气管道标准的总体发展趋势来说，油气管道标准传统技术与现代技术并行发展，传统的检测或试验、环境、安全、工艺控制等重点领域，现代的通信、信息交换、数字化、数据处理等重点领域，呈现两个发展集群。工艺控制与数字化、电子工程、控制系统等标准关系密切，相互协调发展。测量与检测或试验是标准发展的重点领域，且二者有紧密的联系。设计与检测或试验标准协调发展，管道的设计标准是发展重点之一。而环境与测量标准关系密切，相互协调发展。管道标准与工业、安全、控制设备、金属、测量等都有关系，这些标准都是管道标准中涉及较多的标准。

从新发展的标准发展趋势来说，油气管道新发展的标准涉及领域非常广泛，例如，存储、管理、质量、测量、测试等，但主要还是与天然气相关。新技术呈现出“集群式”态势，主要云集在以下领域：天然气、管理和测量是新标准的重点领域；天然气相关领域最多，包括了石油、管道、材料、测试、管理、安全等，其中与石油、管理的关系最为密切；管理方面的标准包括了完整性管理、管理系统、能源等；测量相关领域包括流体测量、存储、交流、修理等；能源方面的标准包括了设计、自动化、数据、工程、管理等。除上述领域之外，测量、保护等方面也零星出现了一些新标准，与其他的领域几乎没有关系。

从持续发展的标准发展趋势来看，持续更新的标准主要集中在两大领域，一是测试，主要与安全、设计、标注、环境等有关；二是工艺控制，包括控制技术、信息化技术、信息过程、控制设备等。与标准总体发展技术领域相吻合，测试、工艺控制都有一些标准在持续地修订，说明这些领域较多地采用了新技术来持续提升标准化水平。

从稳定发展的标准发展趋势来看，形成了以测试为中心，相关领域稳定发展的局势。

同时还有几个小的集群，比如流量、化学分析测试、工程等具体领域的标准发展稳定；与测量相关的测量技术、测量设备、电子工程等具体领域的标准发展稳定；与石油制品相关的检测、测量标准、天然气、气体分析、汽油标准发展稳定。

9.1.5 采用国际标准

采用国际标准的主体是国家标准组织，每个国家标准组织都会采用国际标准，虽然在各个领域的采标率、采用程度和采标及时性各有差异，但总体来说，欧洲各国 BS、DIN、ANFOR 等采标率最高，ANSI 采标率最低；欧洲各国 BSI、DIN、ANFOR 不仅采标及时，且大多以 IDT 方式采用。

中国标准的采标率总体来说偏低，在采用程度和采标及时性方面与其他国家相比尚有差距。在采用程度上，其他国家以 IDT 方式为主，中国以 MOD 方式采用的标准占有一定比例，在以 NEQ 方式采用时，中国比率最高。在采标及时性方面，BS、DIN、ANFOR、ANSI 在国际标准发布当年或 1 年内采用的标准比率比较高，几乎不会采用发布 8 年以后的国际标准，JIS 和中国采标都比较滞后，一些中国国家标准刚发布，其所采用的国际标准已经更新。因此，我国在油气管道方面的采标率、采用程度以及采用及时性方面均有一定差距。

在具体的采用标准上，有些国外采用的标准中国未采用，而中国采用的标准国外未采用，这些标准已经被单独列出来，供专业人员进行具体的分析研究。

9.2 重点技术领域标准各具特点

本书对液化天然气、储备设施、二氧化碳、氢气输送和智慧管道标准从标准数量分布、发布年代与标龄、标准制修订和技术领域分布等多方面分析后发现，这些重点技术领域标准各具特点。

9.2.1 液化天然气处于标准制定的发展期，新标准需求旺盛

总体来看，液化天然气标准的现行标准基本是在 2005 年之后发布，从 2010 年之后，标准数量开始增多，呈现阶段式上升趋势，近 4 年来，都是标准制定的高峰年。

从标准制修订情况来看，标准制定数量远远大于标准修订数量，且近年来（2016 年、2018 年、2019 年和 2020 年）都是在制定标准中。说明，液化天然气标准始终在不断发展过程中，新的标准需求较多，正处于标准制定的发展期，新标准需求旺盛。

在现有的液化天然气标准中，只有 ISO、ASTM 和 API 制定了液化天然气的标准，ISO 标准数量最多，API 仅 2 项标准。从技术领域上，主要涉及了检测方法、设备、液化天然气站、输送以及相关船的标准。

9.2.2 储备设施标准发展平稳，较多标准处于持续更新中

储备设施标准跨度从 1991 开始至 2021 年共 31 年，呈现阶段式上升趋势，没有显著的标准发布高峰年。在标准制修订方面，修订标准数量多于制定标准数量。近 5 年来，也是修订标准较多，2018 年、2020 年和 2021 年均为修订标准，说明储备设施标准在不断更新中，新的标准需求较少。

从标准技术领域来看，只有 2 项储备设施的标准，大多数为储罐的标准，涉及储罐的检测、安装、安全、设计、施工、焊接、检查、修理、清洗、改建等。

储备设施标准包括："API RP 1170—2015 用于天然气储存的溶洞盐穴的设计和操作""API RP 1171—2015 天然气在枯竭油气藏和含水层油气藏中的功能完整性"。

9.2.3 二氧化碳标准近年来发展迅速

二氧化碳标准从 2013 年之后开始间断增多，在 2016 年时达到高峰。从标准制修订情况来看，标准制定数量远大于标准修订数量，且每年也都是制定标准多于修订标准，特别是 2021 年和 2022 年均是制定标准。可见，二氧化碳方面具有较多的标准需求，发展迅速。

从标准技术领域来看，二氧化碳标准涉及碳捕集、运输和封存、石油行业碳排放、腐蚀和试验方法。

9.2.4 氢能标准呈总体发展态势，氢气输送管道标准亟须加强

在氢能标准中，涉及了氢气输送管道、氢脆、加氢站、水电解制氢、燃料电池等多领域，总体来看，标龄在 5 年之内的标准居多，制定标准数量远远大于修订标准数量，特别是 2019 年全部是制定标准，氢能标准呈总体发展态势。

但具体到氢气输送管道，主要是 ASME 发布的"ASME B31.12—2019 氢气管道和管线"标准，国际标准中还没有氢气输送管道方面的标准，我国也还未制定氢气输送管道方面的标准，需要加强。

9.2.5 尚未发现直接以智慧管道命名的标准，相关标准较多

总体来看，尚未发现直接以智慧管道或智慧管网命名的国际标准，但在具体技术方面，有一些智慧管道的标准，包括石油领域数据相关技术、管道控制技术，管道 SCADA 技术、管道安全管理等方面的标准。

除上述与管道相关的标准之外，有大量其他领域相关的标准，主要以 IEC 标准居多，包括：工业通信网络系列标准、能量管理系统标准、智能制造标准、信息技术标准，还有 ISO 的制造用数字孪生体标准、ISO 和 ASTM 的机器人方面的标准。

这些标准从 1989 年开始，在 2007 年出现第 1 个高峰，随后在 2014 年、2019 年又达到高峰，标准制定更新比较及时。

参 考 文 献

[1] http://www.iso.org.

[2] http://www.iec.ch.

[3] http://www.api.org.

[4] http://www.asme.org.

[5] http://www.astm.org.

[6] http://www.ampp.org.

[7] 卜卫. 试论内容分析方法[J]. 国际新闻界，1997(4)：55-60.

[8] 邱均平，文庭孝，周黎明. 汉语自动分词与内容分析法研究[J]. 情报学报，2005，24(3)：309-317.

[9] 冯璐，冷伏海. 共词分析方法理论进展[J]. 中国图书馆学报，2006，32(2)：88-92.

[10] 中国标准化研究院国家标准馆(编). 美国标准信息资源指南[M]. 北京：中国计量出版社，2006.

[11] 郭德华，李景等. 标准信息资源检索与实用指南[M]. 北京：科学技术文献出版社，2015.

[12] http://www.sac.gov.cn.

[13] 王强，明廷宏等. 美国石油学会油气管道标准研究[J]. 石油工业技术监督，2013(3)：24-29.

[14] 张小强，蒋庆梅. ASME B31.12 标准在国内氢气长输管道工程上的应用[J]. 压力容器，2015，32(11)：47-51.

[15] 姚森，齐卫，韩东光等. 参与 ASME 油气管道标准国际化策略研究[J]. 金属腐蚀与控制，2014(5)：15-18.

[16] 李莉，张一玲等. 智慧管网全球专利态势分析[J]. 中国发明与专利，2021，18(4)：35-41.

[17] 吴长春，左丽丽. 关于中国智慧管道发展的认识与思考[J]. 油气储运，2020，39(4)：361-370.